U0170782

国家出版基金项目
NATIONAL PUBLICATION FOUNDATION

"十四五"国家重点出版物出版规划项目
长江上游珍稀特有鱼类研究保护系列丛书

长江上游珍稀特有鱼类 国家级自然保护区 水生生物资源与保护

陈大庆　刘绍平　孙志禹　等　著

中国三峡出版传媒
中国三峡出版社

图书在版编目（CIP）数据

长江上游珍稀特有鱼类国家级自然保护区水生生物资源
与保护 / 陈大庆等著. —北京：中国三峡出版社，2023.7
ISBN 978-7-5206-0195-5

Ⅰ.①长… Ⅱ.①陈… Ⅲ.①长江流域–淡水鱼类–鱼类
资源–资源保护 Ⅳ.①Q959.4 ②S922.5

中国版本图书馆 CIP 数据核字（2021）第 012617 号

策划编辑：王德鸿　赵磊磊
责任编辑：彭新岸

中国三峡出版社出版发行
（北京市通州区新华北街156号　101100）
电话：（010）57082645 57082577
http://www.zgsxcbs.cn
E–mail:sanxiaz@sina.com

北京华联印刷有限公司印刷　新华书店经销
2023 年 7 月第 1 版　2023 年 7 月第 1 次印刷
开本：787 毫米 ×1092 毫米　印张：9
字数：208千字
ISBN 978-7-5206-0195-5　定价：75.00元

"长江上游珍稀特有鱼类研究保护系列丛书"

编 委 会

主 任　陈大庆

委 员　（按姓氏音序排列）

陈永柏　陈永胜　邓华堂　段辛斌　高　欣　李伟涛　李云峰

刘　飞　刘焕章　刘绍平　娄巍立　倪朝辉　孙志禹　田辉伍

王殿常　危起伟　吴兴华　尹正杰　赵依民　朱　滨　庄清海

顾 问　曹文宣

《长江上游珍稀特有鱼类国家级自然保护区水生生物资源与保护》
著者委员会

主 任　陈大庆

副主任　刘绍平　孙志禹　危起伟　倪朝辉　刘焕章　段辛斌　朱　滨

田辉伍　李云峰　吴金明　高　欣　赵依民　尹正杰

委 员　（按姓氏音序排列）

常剑波　陈　威　陈永柏　陈永胜　但胜国　邓华堂　董微微

杜　浩　段　聪　段中华　高　雷　高少波　高天珩　龚　云

郭自强　何　春　蒋华敏　蒋志刚　李　翀　李　荣　李伟涛

李　媛　廖荣远　林鹏程　刘定明　刘　飞　刘明典　娄必云

娄巍立　罗宏伟　吕　浩　马　毅　苗志国　蒲　艳　乔　晔

茹辉军　邵　科　沈子伟　史　方　唐会元　唐锡良　汪登强

王成友　王导群　王殿常　王　冬　王　涵　王剑伟　王　珂

王　生　王　维　王永康　吴端婷　吴湘香　吴兴华　熊美华

熊　星　徐　念　杨　志　俞立雄　张富铁　张　辉　张　敏

张　燕

序

　　长江上游珍稀特有鱼类多数仅分布于长江上游干支流，甚至有些种类仅在部分支流中局限分布，生境需求异于长江其他常见鱼类，对于长江上游独特的河道地形、水文情势和气候等在进化过程中已产生适应性特化，部分种类具有洄游特征，是长江水生生物多样性的重要组成部分。

　　为了保护长江上游珍稀特有鱼类，国家规划建立了长江上游珍稀特有鱼类自然保护区，自 1996 年起，经 6 次规划调整，"长江上游珍稀特有鱼类国家级自然保护区"功能区划得以划定（环函〔2013〕161 号）。该保护区是国内最大的河流型自然保护区，几经调整的保护区保护了白鲟、长江鲟（达氏鲟）、胭脂鱼等 70 种长江上游珍稀特有鱼类及其赖以生存的栖息地，保护对象包括国家一级重点保护野生动物 2 种，国家二级重点保护野生动物 11 种，列入《世界自然保护联盟濒危物种红色名录》（IUCN 红色名录）（1996 年版）鱼类 3 种，列入《濒危野生动植物种国际贸易公约》（CITES）附录 II 鱼类 2 种，列入《中国濒危动物红皮书》（1998 年版）鱼类 9 种，列入保护区相关省市保护名录鱼类 15 种。

　　2006 年以来，在农业部（现农业农村部）《长江上游珍稀特有鱼类国家级自然保护区总体规划》指导下，中国长江三峡集团有限公司资助组建了长江上游珍稀特有鱼类国家级自然保护区水生生态环境监测网络，中国水产科学研究院长江水产研究所总负责，中国科学院水生生物研究所、水利部中国科学院水工程生态研究所和沿江基层渔政站共同参与，开展了持续十余年的保护区水生生态环境监测与主要保护鱼类种群动态研究工作，获取了大量第一手基础资料，这些资料涵盖了金沙江一期工程建设前后的生态环境动态变化和二十余种长江上游特有鱼类基础生物学数据，具有重要的科学指导意义。

　　"长江上游珍稀特有鱼类研究保护系列丛书"围绕长江上游珍稀特有鱼类国家级自然保护区水生生态环境长期监测成果，主要介绍了二十余种长江上游特有鱼类生物学、种群动态及遗传结构的相关基础研究成果，同时也对金沙江、长江上游干流和赤水河流域的概况与进一步保护工作进行了简要总结。本套丛书共四本，分别是《长江上游珍稀特有鱼类国家级自然保护区水生生物资源与保护》《长江上游干流鱼类生物学研究》《赤水河鱼类生物学研究》《金沙江下游鱼类生物学研究》。

　　丛书反映了长江上游主要特有鱼类和其他优势鱼类的研究现状，丰富了科学知识，促进了知识文化的传播，为科研工作者提供了大量参考资料，为广大读者提供了关于保护区水域的科普知识，同时也为管理部门提供了决策依据。相信这套丛书的出版，将有助于长江上游水域珍稀特有鱼类资源的保护和保护区的科学管理。

丛书成果丰富，但也需要注意到，由于研究力量有限，仍未能完全涵盖长江上游全部保护对象，同时长江上游生态环境仍处于持续演变中，"长江十年禁渔"对物种资源的恢复作用仍需持续监测评估。因此，有必要针对研究资料仍较薄弱的种类开展抢救性补充研究，同时，持续开展水生生态环境监测，科学评估长江上游鱼类资源现状与动态变化，为物种保护和栖息地修复提供更为详尽的科学资料。

中国科学院院士

前　言

　　长江是我国最重要的生命之河，水生生物多样性典型，遗传资源丰富。长江上游是指宜昌以上的长江水系，其迥异于长江中下游的地形、地貌、气候和水文条件，形成了多样化的区域生境，孕育了丰富多样的水生生物资源，在156种长江特有鱼类中，有124种局限分布于长江上游地区，其中金沙江下游和长江川江段是长江上游珍稀特有鱼类的集中分布区。为了减缓水利工程建设对鱼类资源的影响，2000年4月国务院办公厅以国办发〔2000〕30号文件批准建立"长江合江—雷波段珍稀鱼类国家级自然保护区"，2005年4月国务院办公厅再次批准了国家环境保护总局（现生态环境部）关于调整长江合江—雷波段珍稀特有鱼类国家级自然保护区的意见（国办函〔2005〕29号），调整后的保护区更名为"长江上游珍稀、特有鱼类国家级自然保护区"。2011年12月，国务院批准了长江上游珍稀特有鱼类国家级自然保护区范围和功能区的调整方案，环境保护部（现生态环境部）以环函〔2013〕161号文件公布了对于长江上游珍稀特有鱼类国家级自然保护区的调整，调整后的保护区总面积31 713.8hm^2，其中核心区面积10 803.5hm^2，缓冲区面积10 561.2hm^2，实验区面积10 349.1hm^2，涉及四川、云南、贵州和重庆三省一市，是我国最大的河流型国家级鱼类自然保护区，主要保护对象为白鲟、长江鲟（达氏鲟）、胭脂鱼等3种珍稀鱼类及圆口铜鱼等67种长江上游特有鱼类。

　　根据长江流域综合利用规划，金沙江下游河段分向家坝、溪洛渡、白鹤滩和乌东德四级开发，规划总装机容量达38 500MW，多年平均年发电量1 753.6亿kW·h，随着梯级开发进程的加快，局限分布于长江上游的珍稀特有鱼类栖息生境将发生显著改变。关于长江上游水生生物资源尤其是鱼类的研究已有130余年历史，但21世纪以前主要集中在鱼类分类与分布研究方面，开展水电工程的影响分析与评价急需长序列监测数据支撑。近年来，在农业农村部领导下，受中国长江三峡集团有限公司委托，我们连续15年承担了"长江上游珍稀特有鱼类及保护区生态补偿项目——水生生态环境监测"，监测了金沙江梯级工程涉及的一些敏感水域的渔业生态环境和生物资源，全面掌握了金沙江梯级工程不同时期渔业生态环境和生物资源资料，通过长序列监测，获得了大量的第一手数据，在此基础上，完成了这本书的撰写。

　　本书数据来源于多家科研单位与地方渔政部门，中国水产科学研究院长江水产研究所、中国科学院水生生物研究所和水利部中国科学院水工程生态研究所分别完成了长江上游宜宾至重庆段、赤水河和金沙江下游水生生物资源调查数据整理与分析，长江水利委员会长江科学院承担了保护区河道水文情势部分章节内容的编写工作。原攀枝花市渔政站、永善县渔政站、宜宾市渔政站、赤水市渔政站、江津区渔政站参与了本书鱼类资源调查并为科研单位野外工作的完成提供了大量帮助，在此一并感谢。

本书编写分工如下：第1章由尹正杰、王冬、田辉伍、李云峰等编写，第2章由杜浩、吴金明等编写，第3～5章由段辛斌、高欣、朱滨、田辉伍、刘飞、邵科、邓华堂等编写，第6章由倪朝辉、李云峰、张燕、茹辉军等编写，第7章由刘绍平、孙志禹、刘焕章、朱滨、杜浩、李云峰等编写。全书由陈大庆、田辉伍、董微微统稿。

由于作者水平有限，书中难免存在疏漏和错误之处，望读者提出宝贵意见，以便将来进一步完善。

陈大庆

2022 年 12 月

目　录

第1章
保护区概况

1.1 保护区历史与现状

长江上游珍稀特有鱼类国家级自然保护区（以下简称保护区）长江干流范围从金沙江向家坝水电站坝中轴线下 1.8km 处至重庆地维大桥（2013 年调整后范围），支流范围包括赤水河河源至赤水河河口、岷江月波至岷江河口、越溪河下游码头上至新房子、长宁河下游古河镇至江安县、南广河下游落角星至南广镇、永宁河下游渠坝至永宁河口、沱江下游胡市镇至沱江河口。保护区总面积 31 713.8hm²，其中核心区面积 10 803.5hm²，缓冲区面积 10 561.2hm²，实验区面积 10 349.1hm²，涉及四川、云南、贵州和重庆三省一市。保护区主要保护对象是白鲟、长江鲟、胭脂鱼、圆口铜鱼等 70 种珍稀特有鱼类及其赖以生存的重要生境。

1.1.1 历史沿革

1970 年葛洲坝水利工程开建，长江上游特有鱼类的生存空间开始减少。三峡水利工程蓄水后形成了 600km 长的水库，长江上游特有鱼类的生存空间集中在水库尾水以上江段。最初根据三峡水利工程建设环境保护规划，在长江上游泸州市至宜宾市新市镇江段建立了珍稀特有鱼类自然保护区。1996 年经泸州市人民政府和宜宾地区行政公署批准，分别建立了长江泸州段泸州市珍稀特有鱼类自然保护区和长江宜宾段宜宾地区珍稀鱼类自然保护区。1997 年经四川省人民政府批准，两个保护区合并建立了"长江合江—雷波段珍稀鱼类省级自然保护区"，主要保护对象为长江鲟、白鲟和胭脂鱼等长江上游珍稀鱼类及水域生态系统。长江上游干流水利工程建设将对长江上游珍稀特有鱼类资源的生存与繁衍产生一定影响，为了减缓这种影响，2000 年 4 月国务院办公厅以国办发〔2000〕30 号文件批准建立"长江合江—雷波段珍稀鱼类国家级自然保护区"，2005 年 4 月国务院办公厅再次批准了国家环境保护总局（现生态环境部）关于调整长江合江—雷波段珍稀特有鱼类国家级自然保护区的意见（国办函〔2005〕29号）。调整后的保护区更名为"长江上游珍稀、特有鱼类国家级自然保护区"，跨四川、云南、贵州和重庆三省一市 4 个省级行政区，包括金沙江向家坝水电站坝轴线下 1.8km 处至重庆长江马桑溪江段以及赤水河、岷江、越溪河、长宁河、南广河、永宁河和沱江等支流河段，总长度 1 162.61km，总面积 33 174.21hm²。2011 年 12 月，国务院批准了长江上游珍稀特有鱼类国家级自然保护区范围和功能区的调整方案。2013 年 7 月，环境保护部（现生态环境部）以环函〔2013〕161 号文件公布了对于长江上游珍稀特有鱼类国家级自然保护区的调整，保护区总面积调整为 31 713.8hm^2，调整后的重庆段核心区范围为从羊石镇起至松溉镇之间 23.33km 的长江干流，其余省份境内的核心区范围没有调整。调整后的长江上游珍稀特有鱼类国家级自然保护区的保护对象仍为白鲟、长江鲟、胭脂鱼等 3 种珍稀鱼类及其产卵场以及分布在该区域的另外 67 种长江上游特有鱼类及其赖以栖息的生态环境。

1.1.2 管理机构及人员

长江上游珍稀特有鱼类国家级自然保护区自调整后，根据国务院办公厅国办函〔2005〕29 号文件、国家环境保护总局（现生态环境部）环函〔2005〕162 号文件、农业部（现农业农村部）农渔函〔2005〕6 号文件、农业部《长江上游珍稀特有鱼类国家级自然保护区总体规划报告》及相关法律法规等规定，保护区的管理实行统一领导、分级管理原则。保护区的最高管理机构是农业部，负责保护区的统一管理和协调工作。保护区所涉及的四川、云南、贵州和重庆三省一市在渔业行政部门内设立省、市级保护区管理机构，配备管理人员和专业技术人员，负责保护区各江段的日常管理工作。根据国务院办公厅国办函〔2005〕29 号、国家环境保护总局环函〔2005〕162 号、农业部农渔函〔2005〕6 号文件、农业部《长江上游珍稀特有鱼类国家级自然保护区总体规划报告》和农业部关于各级保护站建设的批复等文件要求，分别建立了镇雄县保护站、威信县保护站、贵州省保护区管理局（包括遵义市和毕节地区管理处，毕节市、金沙、仁怀、习水和赤水管理站）、四川省珍稀鱼类国家级自然保护区管理局〔包括宜宾和泸州管理处，屏山县、宜宾县（现四川省宜宾市叙州区）、翠屏区、南溪县（现四川省宜宾市南溪区）、长宁县、江安县、纳溪区、江阳区、龙马潭区、泸县、叙永县、古蔺县和合江县管理站〕、重庆市珍稀特有鱼类国家级自然保护区管理处（包括巴南管理处、江津管理处和永川管理处）。目前针对保护区和特有鱼类的保护与管理主要依据《中华人民共和国自然保护区管理条例》《中华人民共和国野生动物保护法》《中华人民共和国渔业法》《中华人民共和国水污染防治法》《中华人民共和国野生动物保护实施条例》《国家重点保护野生动物名录》和《中华人民共和国水生野生动物利用特许办法》等法律和法规。同时农业部还针对保护区制定了《长江上游珍稀特有鱼类国家级自然保护区管理办法》用于规范保护区管理，此外保护区各管理处（站）针对各自所在区域特点，制定了相关法律和法规。

保护区重庆段针对保护区具体情况制定了相关管理制度，如《长江上游珍稀特有鱼类国家级自然保护区（重庆段）项目资金财务管理办法（试行）》《长江上游珍稀特有鱼类国家级自然保护区（重庆段）建设项目档案管理办法（试行）》《长江上游珍稀特有鱼类国家级自然保护区（重庆段）渔业水域突发污染事故应急预案（试行）》《长江上游珍稀特有鱼类国家级自然保护区（重庆段）水生野生动物救护应急预案（试行）》和《长江上游珍稀特有鱼类国家级自然保护区（重庆段）基本建设验收规范（试行）》等。

1.1.3　地理位置、范围和功能

2013 年 7 月，环境保护部以环函〔2013〕161 号文件公示了调整后的长江上游珍稀特有鱼类国家级自然保护区范围，调整后保护区范围在东经 104° 24′ 51.34″ ～ 106° 24′ 19.19″、北纬 28° 38′ 6.96″ ～ 29° 20′ 40.92″ 之间，保护区宽度为各河流 10 年一遇最高水位线以下的水域和消落带。保护区的长江干流范围从金沙江向家坝水电站坝中轴线下 1.8km 处至重庆地维大桥。保护区的支流范围包括赤水河河源至赤水河河口、岷江月波至岷江河口、越溪河下游码头上至新房子、长宁河下游古河镇至江安县、南广河下游落角星至南广镇、永宁河下游渠坝至永宁河口、沱江下游胡市镇至沱江河口。保护区总面积 31 713.8hm^2，其中核心区面积 10 803.5hm^2，缓冲区面积 1 0561.2hm^2，实验区面积 10 349.1hm^2，涉及四川、云南、贵州和重庆三省一市。

1.1.4　主要保护对象与目标

1. 主要保护对象

保护区主要保护对象为白鲟、长江鲟、胭脂鱼等 70 种珍稀特有鱼类及其生存的重要生境。保护对象中有珍稀保护鱼类 21 种，其中，国家一级重点保护野生动物 2 种、国家二级重点保护野生动物 9 种，列入 IUCN 红色名录（1996 年版）鱼类 3 种，列入 CITES 附录二（Ⅱ）鱼类 2 种，列入《中国濒危动物红皮书》（1998 年版）鱼类 9 种，列入保护区相关省市保护名录鱼类 15 种。

2. 主要保护目标

保护区主要保护目标为补偿三峡工程和金沙江水电梯级开发对珍稀特有鱼类种群结构及其生态环境造成的不利影响，恢复珍稀、特有鱼类的种群数量，使珍稀特有鱼类资源衰退趋势得以遏制，物种数量有所增加，维护水生生物多样性，保护长江上游河流生态系统的自然生态环境，合理持续利用鱼类资源。列入各级保护名录的鱼类和保护区特有鱼类见表 1-1 和表 1-2。

表 1-1　保护区各级保护鱼类名录

目	科	中文种名	拉丁学名	名录类别				
				R	I	C	N	P
鲟形目	鲟科	长江鲟	*Acipenser dabryanus* Duméril	V	CR	Ⅱ	I	
	匙吻鲟科	白鲟	*Psephurus gladius*（Martens）	E	CR	Ⅱ	I	
鲤形目	胭脂鱼科	胭脂鱼	*Myxocyprinus asiaticus*（Bleeker）	V			Ⅱ	
	鳅科	长薄鳅	*Leptobotia elongata*（Bleeker）	V			Ⅱ	Y
		红唇薄鳅	*Leptobotia rubrilabris*（Dabry de Thiersant）				Ⅱ	Y
		小眼薄鳅	*Leptobotia microphthalma* Fu et Ye					Y

续表

目	科	中文种名	拉丁学名	名录类别				
				R	I	C	N	P
鲤形目	鲤科	鳡	*Luciobrama macrocephalus*（Lacépède）	V			Ⅱ	Y
		云南鲴	*Xenocypris yunnanensis* Nichols	E				
		岩原鲤	*Procypris rabaudi*（Tchang）	V			Ⅱ	Y
		圆口铜鱼	*Coreius guichenoti*（Sauvage *et* Dabry）				Ⅱ	
		长鳍吻鮈	*Rhinogobio ventralis* Sauvage *et* Dabry				Ⅱ	
		四川白甲鱼	*Onychostoma angustistomata*（Fang）				Ⅱ	
		裸体异鳔鳅鮀	*Xenophysogobio nudicorpa*（Huang *et* Zhang）					Y
		鲈鲤	*Percocypris pingi*（Tchang）				Ⅱ	Y
		西昌白鱼	*Anabarilius liui liui*（Chang）					Y
		细鳞裂腹鱼	*Schizothorax chongi*（Fang）				Ⅱ	Y
		长体鲂	*Megalobrama elongata* Huang *et* Zhang					Y
		鳤	*Ochetobius elongatus*（Kner）					Y
	平鳍鳅科	窑滩间吸鳅	*Hemimyzon yaotanensis*（Fang）					Y
		中华金沙鳅	*Jinshaia sinensis*（Sauvage *et* Dabry）					Y
		四川华吸鳅	*Sinogastromyzon szechuanensis* Fang					Y
		峨眉后平鳅	*Metahomaloptera omeiensis* Chang					Y
鲇形目	鲿科	中臀拟鲿	*Pseudobagrus medianalis* Regan	E	En			
	钝头鮠科	金氏䱀	*Liobagrus kingi* Tchang	E				
	鮡科	青石爬鮡	*Euchiloglanis davidi*（Sauvage）				Ⅱ	

注：

R：RDB [《中国濒危动物红皮书》（1998 年版）]；Ⅰ：IUCN（1996 年版）；C：CITES（1997 年版）；N：《国家重点保护野生动物名录》；P：省级保护动物。

RDB：国内绝迹（En），濒危（E），极危（CR），易危（V），未予评估（NE）；IUCN：濒危（En），易危（V），低危／依赖保护（LR/cd），低危／接近受危（LR/nt），低危／需予关注（LR/lc）；CITES：附录二（Ⅱ）。

表 1-2　保护区特有鱼类名录

目	科（亚科）	中文种名	拉丁学名
鲟形目	鲟科	长江鲟（达氏鲟）	*Acipenser dabryanus* Duméril
鲤形目	鳅科	短体副鳅	*Paracobitis potanini*（Günther）
		山鳅	*Oreias dabryi* Sauvage
		昆明高原鳅	*Triplophysa grahami*（Regan）
		秀丽高原鳅	*Triplophysa venusta*（Zhu *et* Cao）
		前鳍高原鳅	*Triplophysa anterodorsalis*（Zhu *et* Cao）
		宽体沙鳅	*Botia reevesae* Chang
		双斑副沙鳅	*Parabotia bimaculata* Chen
		长薄鳅	*Leptobotia elongata*（Bleeker）
		小眼薄鳅	*Leptobotia microphthalma* Fu *et* Ye
		红唇薄鳅	*Leptobotia rubrilabris*（Dabry de Thiersant）
	鲤科鲴亚科	云南鲴	*Xenocypris yunnanensis* Nichols
		方氏鲴	*Xenocypris fangi* Tchang
	鲤科鱎亚科	峨眉鱎	*Acheilognathus omeiensis*（Shih *et* Tchang）
	鲤科鲌亚科	四川华鳊	*Sinibrama taeniatus*（Chang）
		高体近红鲌	*Ancherythroculter kurematsui*（Kimura）
		汪氏近红鲌	*Ancherythroculter wangi*（Tchang）
		黑尾近红鲌	*Ancherythroculter nigrocauda* Yih *et* Woo
		西昌白鱼	*Anabarilius liui liui*（Chang）
		嵩明白鱼	*Anabarilius songmingensis* Chen *et* Chu
		寻甸白鱼	*Anabarilius xundianensis* He
		短臀白鱼	*Anabarilius brevianalis* Zhou *et* Cui
		半鳘	*Hemiculterella sauvagei* Warpachowski
		张氏鳘	*Hemiculter tchangi* Fang
		厚颌鲂	*Megalobrama pellegrini*（Tchang）
		长体鲂	*Megalobrama elongata* Huang *et* Zhang
	鲤科鉤亚科	川西鳈	*Sarcocheilichthys davidi*（Sauvage）
		圆口铜鱼	*Coreius guichenoti*（Sauvage *et* Dabry）
		圆筒吻鉤	*Rhinogobio cylindricus* Günther
		长鳍吻鉤	*Rhinogobio ventralis* Sauvage *et* Dabry
		裸腹片唇鉤	*Platysmacheilus nudiventris* Lo, Yao *et* Chen
		嘉陵颌须鉤	*Gnathopogon herzensteini*（Günther）
		钝吻棒花鱼	*Abbottina obtusirostris*（Wu *et* Wang）

续表

目	科（亚科）	中文种名	拉丁学名
鲤形目	鲤科 鳅鉈亚科	短身鳅鉈	*Gobiobotia abbreviata* Fang *et* Wang
		异鳔鳅鉈	*Xenophysogobio boulengeri*（Tchang）
		裸体异鳔鳅鉈	*Xenophysogobio nudicorpa*（Huang *et* Zhang）
	鲤科 鲃亚科	鲈鲤	*Percocypris pingi*（Tchang）
		宽口光唇鱼	*Acrossocheilus monticola*（Günther）
		四川白甲鱼	*Onychostoma angustistomata*（Fang）
		大渡白甲鱼	*Onychostoma daduensis* Ding
		短身白甲鱼	*Onychostoma brevis*（Wu *et* Chen）
	鲤科野鲮亚科	伦氏孟加拉鲮	*Bangana rendahli*（Kimura）
	鲤科 裂腹鱼亚科	短须裂腹鱼	*Schizothorax wangchiachii*（Fang）
		长丝裂腹鱼	*Schizothorax dolichonema* Herzenstein
		齐口裂腹鱼	*Schizothorax prenanti*（Tchang）
		细鳞裂腹鱼	*Schizothorax chongi*（Fang）
		昆明裂腹鱼	*Schizothorax grahami*（Regan）
		四川裂腹鱼	*Schizothorax kozlovi* Nikolsky
		小裂腹鱼	*Schizothorax parvus*（Tsao）
	鲤科鲤亚科	岩原鲤	*Procypris rabaudi*（Tchang）
	平鳍鳅科	侧沟爬岩鳅	*Beaufortia liui* Chang
		四川爬岩鳅	*Beaufortia szechuanensis*（Fang）
		窑滩间吸鳅	*Hemimyzon yaotanensis*（Fang）
		短身金沙鳅	*Jinshaia abbreviata*（Günther）
		中华金沙鳅	*Jinshaia sinensis*（Sauvage *et* Dabry）
		西昌华吸鳅	*Sinogastromyzon sichangensis* Chang
		四川华吸鳅	*Sinogastromyzon szechuanensis* Fang
鲇形目	鲿科	长须鮠	*Leiocassis longibarbus* Cui
		中臀拟鲿	*Pseudobagrus medianalis* Regan
	钝头鮠科	金氏䱀	*Liobagrus kingi* Tchang
		拟缘䱀	*Liobagrus marginatoides*（Wu）
	鮡科	黄石爬鮡	*Euchiloglanis kishinouyei* Kimura
		青石爬鮡	*Euchiloglanis davidi*（Sauvage）
		中华鮡	*Pareuchiloglanis sinensis*（Hora *et* Silas）
		前臀鮡	*Pareuchiloglanis anteanalis* Fang, Xu *et* Cui
鲈形目	虾虎鱼科	四川吻虾虎鱼	*Rhinogobius szechuanensis*（Liu）
		成都吻虾虎鱼	*Rhinogobius chengtuensis*（Chang）

1.2　保护区水文情势

1.2.1　研究现状

保护区河段有 3 个较大的支流汇入，分别是岷江、沱江和赤水河。保护区干流设有屏山、朱沱水文站。以朱沱水文站为代表，保护区河段多年平均径流量约 2 510 亿 m^3，径流年内分配很不均匀，1—4 月一般为低流量时期；5—7 月上旬流量逐步上涨，为汛前高流量脉冲期；7 月中旬—9 月上旬为洪水期；9 月中旬—11 上旬流量逐步降低，为汛后高流量脉冲期；11 月中旬—12 月为低流量时期（表 1-3）。7—9 月洪水期径流总量约占全年径流量的 53%；枯水期为 1—3 月，枯水期径流总量约占全年径流量的 8%。年流量极大值主要出现在 7—9 月，流量极小值主要出现在 1—3 月。年极大值流量主要在 23 700～49 700 m^3/s 范围内，多年极大值流量平均值为 33 560 m^3/s；年极小值流量主要在 1 950～2 590 m^3/s 范围内，多年极小值流量平均值为 2 300 m^3/s。2000 年后保护区年径流量有所增加，但没有明显的趋势性变化。

表 1-3　保护区站点月均流量　　　　　　　　（单位：m^3/s）

站点	1 月	2 月	3 月	4 月	5 月	6 月	7 月	8 月	9 月	10 月	11 月	12 月
屏山	1 590	1 370	1 280	1 420	2 120	4 200	8 490	9 030	9 170	5 870	3 305	2 100
朱沱	2 850	2 570	2 580	3 045	5 100	9 445	16 900	16 800	15 350	10 600	5 895	3 740

随着金沙江下游向家坝、溪洛渡水库的相继建成蓄水运行，保护区河段的水文情势发生了一定程度的变化。为认识保护区代表性鱼类的生态水文需求，评估水文水力条件变化对代表性鱼类的影响，中国长江三峡集团有限公司启动了长江上游珍稀特有鱼类国家级自然保护区生态补偿项目"珍稀特有鱼类繁殖生长的关键环境因子综合分析研究"和"保护区河道水文情势变化对鱼类影响研究"。其中，"珍稀特有鱼类繁殖生长的关键环境因子综合分析研究"项目于 2012 年立项，由中国水利水电科学研究院、长江科学院、清华大学等单位共同承担，主要研究长江上游鱼类自然保护区的代表性鱼类繁殖生长的水文、水动力和河道地形等因子，确定关键环境因子及其适宜变化范围，提出保护区珍稀特有鱼类繁殖生长的生态目标需求，并研究金沙江下游梯级水电开发造成水文水动力变化对珍稀特有鱼类繁殖生长的生态目标需求的影响。"保护区河道水文情势变化对鱼类影响研究"项目于 2013 年立项，由长江科学院和中国水产科学研究院长江水产研究所共同承担，主要研究向家坝和溪洛渡水电站相继蓄水试运行期间，保护区河段流量过程、水位流速等水文情势的变化特征规律；重点结合近期水文生态及鱼类监测数据，实证分析和对比评估蓄水运行期间水文情势改变对代表性鱼类生长繁殖的影响。目前，"珍稀特有鱼类繁殖生长的关键环境因子综合分析研究"和"保护区河道水文情势变化对鱼类影响研究"项目均已完成并通过验收，对项目在水文、水动力方面的研究成果总结如下。

1. 水文情势

采用长系列水文资料分析、水库调度模拟预测等方法，结合保护区干流两个水文站（屏山站、朱沱站）1997 年以前的实测逐日水文资料，分析了保护区干流生态水文情势自然变化特征和历史演变规律；结合 1998—2012 年的实测水文资料，分析了生态水文情势变化特征；结合水文实测数据，分析了向家坝和溪洛渡水库蓄水期间保护区的水文变化情况；建立了金沙江下游 4 个梯级水库（乌东德、白鹤滩、溪洛渡、向家坝）的联合调度模型，通过梯级水库的长序列模拟调节计算得到金沙江下游梯级水库运行后的水文过程，从流量、频率、持续时间、出现时期和变化率 5 个方面，利用水文变化指标（Indicators of Hydrologic Alteration，IHA）的变动范围法（Range of Variability Approach，RVA），分析金沙江下游梯级水库调度后保护区未来的水文情势变化特征。保护区水文站点及水库示意图见图 1-1。

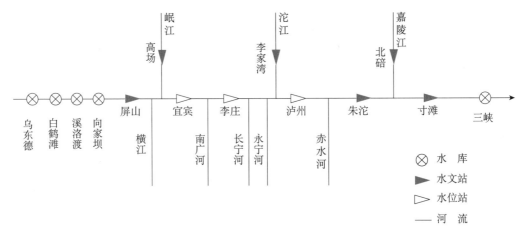

图 1-1　保护区水文站点及水库示意图

屏山、朱沱两站 1997 年以前的实测水文序列反映了保护区的自然水文情势特征，自然状况下保护区干流河段年、月径流量和极大、极小值流量没有显著的趋势性变化；但水文情势存在一定的自然变化，1990 年前后两站的综合水文变化度分别为32.2%、30.4% 和 36.7%，显示 1990 年后保护区河段水文情势变化度有所增加。

对两站水文情势时空演变特征的分析显示，1970—1990 年期间，保护区朱沱站水文变化度为 42.9%，达到中度变化水平，屏山站较低；1980—2000 年期间，两站中也是朱沱站水文变化度高，屏山站水文变化度低。1990—2011 年期间，由于保护区上游支流雅砻江的水电开发，屏山站水文变化度有所增加，但朱沱站的水文变化度有了明显下降。在金沙江下游梯级开发之前，保护区上段水文情势变化较小，中下段的水文变化度稍高；1990 年后随着支流水电开发，保护区上段水文变化度有所增加，但中下段水文变化度降低。

通过对向家坝、溪洛渡水库 2012 年 10 月—2014 年 10 月两年蓄水期的实际监测数据进行分析，溪洛渡和向家坝水库在蓄水阶段，蓄水和泄水比较集中的月份对天然流量过程的调节作用较大，如 2013 年的 5 月、6 月、11 月和 2014 年的 4 月、6 月，月平均流量最大改变程度为 41.4%，其他月份蓄水对天然流量过程影响不大（基本在 10% 以内），两年的蓄水期间月流量平均改变程度为 8.7%。2014 年 11 月至今，因溪洛渡水库调节能力较强，在水库消落期对天然流量过程影响较大，其中在 2015 年 4 月、5 月实际下泄流量分别高于天然月均流量 1 117m³/s、619m³/s，对坝下屏山站天然月平均流量改变程度分别达 52.4%、31.5%。蓄水对朱沱站水文情势影响主要发生在溪洛渡、向家坝集中蓄水期及汛期前消落期、汛后蓄水期。对比屏山站各月水文变化程度可以看出，随着区间支流的汇入，蓄水对朱沱站的影响有所削弱，最高月流量变化程度由屏山站的 52.4% 降至朱沱站的 28.9%。

溪洛渡、向家坝正常运行后，屏山水文站水文过程中改变较大的是 6 月平均流量、年均流量、年最小流量及落水率 4 个指标。32 个 IHA 指标中发生中高度变化的达到 6 个，整体水文变化度达 21.33%。朱沱站 32 个 IHA 指标中发生中度变化的有 2 个，占总数的 6.25%，整体水文变化度达 12.3%。由此可见，溪洛渡、向家坝调度运行对径流的调节能力有限，对保护区径流年内分配的改变程度不大。

金沙江下游 4 个梯级水库（乌东德、白鹤滩、溪洛渡和向家坝）全部运行后的水文情势模拟预测分析显示，运行后屏山站发生高度改变的指标个数为 13 个，综合水文变化度为 51.6%，较 20 世纪 90 年代后有显著上升；而朱沱站调度后高度变化指标个数为 5 个，综合水文变化度为 33.3%，水文情势较 20 世纪 90 年代后略有上升。表明金沙江下游梯级水库调度对屏山站影响显著，对朱沱站影响很小。在空间上，保护区河段从上游到下游水文情势变化逐渐降低，显示沿程区间支流的水量汇入显著减缓了金沙江下游梯级水库调度对保护区河段水文情势的影响。

从保护区两站水文情势变化的特征看，由于保护区河段在 20 世纪 90 年代后主要受支流水电开发影响，未来主要受金沙江下游干流水电开发影响，所以不管是 20 世纪 90 年代后的现状情况还是未来情况，两站发生高度变化的指标主要是与低流量事件和流量涨落变化率相关的指标，如枯季月平均流量、日最小极值流量和涨落水率，而与高流量事件相关的指标变化度相对较小。这与梯级水电站蓄丰补枯的运行方式高度相关，且由于水库调节库容与枯水期径流量的比例远高于与丰水期的径流量比例，造成水库运行对枯水期流量的影响要明显高于对丰水期流量的影响。再就是电站日调节运行造成河流流量涨落波动频繁，对河流水文过程变动的平稳性和可预测性影响较大。

2. 水动力条件

在水动力学条件方面，建立了保护区干流的一维水动力学模型，模拟分析代表性鱼类产卵繁殖期 5—7 月保护区江段的水动力条件。研究表明保护区河段内 2014 年 5—7 月保护区河道流速从上游到下游呈增加趋势，且随时间呈增大趋势，7 月初的流速较稳定。宜宾断面流速在 7 月具有较大波动，主要受向家坝水库汛期调节的影响；寸滩站流速波动大主要因为其上游较近处有嘉陵江大支流汇入（图 1-2）。

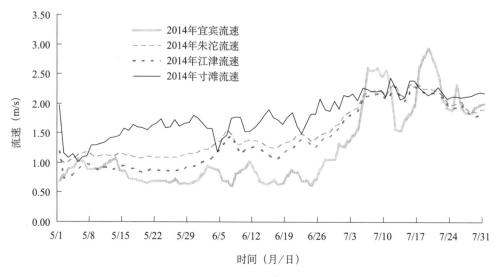

图 1-2　保护区河道流速时空分布

2012—2014 年保护区江段均出现三次产卵高峰，在宜宾、朱沱和江津设置水动力模拟监测点，得到三个断面在产卵高峰期的流速特性（表 1-4）。通过表 1-4 可以看出保护区河段产卵期的水动力特性如下。

流速变化幅度上，从宜宾断面看，向家坝水库运行前（2012 年 10 月 10 日以前）流速变化幅度范围为 0.04～0.84m/s，运行后流速变化幅度范围为 0.17～1.01m/s，变化幅度变化较小，但有增大趋势，可能因宜宾断面距向家坝水库较近，受水库泄水影响导致流速波动增大。从朱沱断面看，向家坝水库运行前流速变化幅度范围为 0.08～0.77m/s，运行后流速变化幅度范围为 0.20～0.54m/s，变化幅度有减小趋势。从江津断面看，向家坝水库运行前流速变化幅度范围为 0.05～0.75m/s，运行后流速变化幅度范围为 0.22～0.52m/s，变化幅度有减小趋势。

流速变化率上，产卵高峰期可出现在流速增加过程中，也可出现在流速降低过程中，但出现在流速增加过程中的时间居多。从宜宾断面看，向家坝水库运行前流速增率为 0.15～0.21（m/s）/d，运行后流速增率为 0.01～0.18（m/s）/d；向家坝水库运行前流速减率为 0.01～0.06（m/s）/d，运行后流速减率为 0.05～0.34（m/s）/d。向家坝水库运行后较运行前的流速增率减小，范围增大；流速减率增大，范围增大。从朱沱断面看，向家坝水库运行前流速增率为 0.08～0.15（m/s）/d，运行后流速增率为 0.06～0.27（m/s）/d；向家坝水库运行前流速减率为 0.06（m/s）/d，运行后流速减率为 0.02～0.19（m/s）/d。向家坝水库运行后较运行前的流速增率增大，范围增大；流速减率增大，范围增大。从江津断面看，向家坝水库运行前流速增率为 0.05～0.15（m/s）/d，运行后流速增率为 0.06～0.26（m/s）/d；向家坝水库运行前流速减率为 0.06（m/s）/d，运行后流速减率为 0.05～0.19（m/s）/d。向家坝水库运行后较运行前的流速增率增大，范围增大；流速减率增大，范围增大。

表 1-4　保护区典型断面产卵高峰期流速特性

断面位置	流速特性	2012 年			2013 年			2014 年		
		5月14—17日	6月26日—7月1日	7月4—5日	6月10—16日	6月25日—7月5日	7月7—11日	5月29日—6月9日	6月28日—7月2日	7月10—13日
宜宾	范围(m/s)	0.70~0.74	1.74~2.58	2.07~2.23	0.92~1.09	1.00~1.32	1.28~1.71	0.64~0.94	1.06~1.35	1.54~2.55
	变化幅度(m/s)	0.04	0.84	0.16	0.17	0.32	0.43	0.30	0.29	1.01
	增率[(m/s)/d]	—	0.21	0.15	0.01	0.18	0.02	0.10	0.06	—
	减率[(m/s)/d]	0.01	0.06	—	0.06	0.05	0.14	0.07	—	0.34
朱沱	范围(m/s)	1.24~1.35	1.75~2.52	2.47~2.55	1.37~1.71	1.38~1.74	1.84~2.38	1.14~1.56	1.52~1.84	2.13~2.33
	变化幅度(m/s)	0.11	0.77	0.08	0.24	0.36	0.54	0.42	0.32	0.20
	增率[(m/s)/d]	—	0.15	0.08	0.07	0.09	0.27	0.07	0.06	0.10
	减率[(m/s)/d]	0.06	—	—	0.07	0.02	0.09	0.13	—	0.19
江津	范围(m/s)	1.14~1.25	1.67~2.42	2.34~2.39	1.26~1.66	1.27~1.62	1.76~2.27	0.935~1.451	1.435~1.776	2.068~2.289
	变化幅度(m/s)	0.11	0.75	0.05	0.40	0.35	0.51	0.52	0.34	0.22
	增率[(m/s)/d]	0.10	0.15	0.05	0.14	0.07	0.26	0.06	0.09	0.11
	减率[(m/s)/d]	0.06	—	—	0.08	0.05	0.11	0.15	—	0.19

3. 典型鱼类繁殖生长的水文水动力需求

采用文献调研、现场观测、专家咨询等方法，对几种典型鱼类产卵繁殖期的水文水动力需求进行了研究。通过对 1956—2000 年 3—4 月 2 745 个水文水动力数据的统计分析，初步确定长江鲟繁殖期水深通常在 10m 以上，流速范围为 1.1~1.5m/s，流量主要分布在 3 000~4 000m³/s，河宽主要分布在 300~600m 范围内；胭脂鱼产卵水深通常在 10m 以上，流速范围为 1.0~1.6m/s，流量主要分布在 3 000~5 000m³/s，河宽主要分布在 400~800m 范围内。通过对岩原鲤 1956—2000 年繁殖期 2—4 月的 4 107 个水文水动力数据的统计分析，初步确定岩原鲤繁殖期水深通常在 15m 以上，流速范围为 1.0~1.5m/s，流量主要分布在 3 000~6 000m³/s，河宽主要分布在 200~300m 范围内。通过对铜鱼 1956—2000 年繁殖期 3—6 月的 5 489 个水文水动力数据的统计分析，初步确定铜鱼繁殖期水深通常在 20m 以上，流速范围为 1.1~2.1m/s，流量主要分布在 4 000 ~ 9 000m³/s，河宽主要分布在 600 ~ 1 400m 范围内。

以产漂流性卵的铜鱼和长薄鳅为典型代表性鱼类，重点对铜鱼和长薄鳅产卵繁殖的生态水文需求进行了研究。初步明确铜鱼和长薄鳅产卵与保护区 4—7 月的高流量脉冲事件高度相关，汛前的高流量脉冲事件通常由日流量涨幅超过一定程度（大于 15%）的涨水促发，直到某天流量下降超过 10% 结束。当江水水温满足鱼类产卵要求后，随着春末夏初涨水过程开始出现多次高流量脉冲事件，构成刺激产漂流性卵鱼类产卵繁殖的生态水文信号。根据 2009—2015 年江津断面的鱼类产卵监测资料显示，每年第一次高流量脉冲期间都发生了铜鱼产卵，这体现了每年第一次高流量脉冲的重要生态意义。在这 7 年共 22 次高流量脉冲过程中，有 19 次观测到铜鱼产卵，表现出铜鱼产卵与高流量脉冲事件的高度相关性。江津断面 2010—2015 共 6 年的长薄鳅产卵监测数据显示，蓄水前后长薄鳅的产卵基本发生在高流量脉冲期。蓄水前除 2010 年外，2011 年及 2012 年长薄鳅高流量脉冲期产卵天数占产卵总天数的比重在 89% 以上，蓄水后产卵则全部发生在高流量脉冲期。蓄水前后各年高流量脉冲期间的产卵量占总产卵量的比重超过 97%，蓄水后均为 100%。可见长薄鳅产卵高峰期与高流量脉冲的关系密切。

鉴于 4—7 月铜鱼和长薄鳅的产卵与河流的高流量脉冲事件的显著相关性，产卵期的高流量脉冲特征可为代表性鱼类产卵繁殖生态流量的设计提供参考依据。生态流量设计采用"基流 + 高流量脉冲"的思路方法，其中基流的设计思路是在低流量时期尽量维持河流流量过程的稳定性和可预测性，避免频繁的和较大的流量波动；高流量脉冲的设计思路是在鱼类产卵期，根据实际入流过程，在基流上加入符合鱼类产卵需要的满足一定指标特征的高流量脉冲事件。这些高流量脉冲事件的特征基于对铜鱼和长薄鳅产卵期历史高流量脉冲事件的统计特征分析得到，构成保护区产漂流性卵鱼类产卵繁殖的关键水文信号。根据 2009—2015 年在保护区江津断面的早期鱼类监测数据，以及同期朱沱站的水文监测数据，通过相关统计分析，初步得到铜鱼和长薄鳅产卵繁殖期的生态流量需求特征（表 1-5）如下。

（1）在基流期保持流量的稳定性，按 7 日流量滑动平均值的 80% ~ 120% 设置基流期生态流量的上下限。

（2）在 5 月（5 月 1—31 日）必须有 1 次高流量脉冲，出现时间对应于全年第一次高流量脉冲，在水温到达 17℃以上后，为铜鱼产卵提供水文信号（注：未来由于金沙江下游水库的建设运行，保护区河段的 4—7 月升温期的水温上升会有一定程度的滞后，发生在 4 月的全年第一次高流量脉冲可能不满足铜鱼产卵的水温要求，5 月的高流量脉冲可以稳定满足水温要求）。

（3）在 6 月中旬至 7 月上旬（6 月 11 日—7 月 10 日）必须有 1 次高流量脉冲，此时水温到达 22℃以上，为长薄鳅产卵提供水文信号。

（4）除上述 2 次高流量脉冲外，5—7 月中旬的其他高流量脉冲可依据来水（主要是区间来水）情况确定是否发生；7 月中旬后的高流量脉冲或洪水对代表性鱼类产卵没有明确的生态意义，主要作用是水库冲沙和塑造下游河道形态，因此 7 月中旬后的高流量脉冲可按来水和水库水位的某个函数，直到高流量脉冲期结束。

表 1-5　铜鱼和长薄鳅产卵期朱沱站生态流量需求特征

高流量脉冲特征指标	5 月第一次脉冲		6 月中旬至 7 月上旬的脉冲	
	基本特征	推荐值	基本特征	推荐值
出现时间	基于来水情况，当出现 1～2d 的小幅涨水后开始	5 月 1—31 日，对应全年第一次脉冲	基于来水情况，当出现 1～2d 的小幅涨水后开始	6 月 11 日—7 月 10 日
起涨流量（m³/s）	3 500～5 000	≥3 900（对应频率 25%）	4 500～10 500	≥6 500（对应频率 25%）
起始涨幅（m³/s）	相对涨幅大于 15%；涨幅值 660～2 000	≥900（对应频率 25%）	800～8 700	≥1 200（对应频率 25%）
平均涨幅（m³/s）	300～1 500	≥700（对应频率 25%）	220～6 040	≥760（对应频率 25%）
峰值流量（m³/s）	5 500～8 000	≥6 200（对应频率 25%）	6 700～50 000	≥14 000（对应频率 25%）
历时（d）	3～8	≥4	3～52	≥5

4. 保护区鱼类对水文情势变化的响应

以铜鱼和长薄鳅为代表性鱼类，分析了向家坝、溪洛渡蓄水前后保护区产漂流性卵鱼类资源变化情况。铜鱼和长薄鳅在长江上游保护区出现频率一直处于较高水平，为长江上游重要的渔获种类，种群资源较为丰富。两种鱼类在长江上游保护区 CPUE 变化一直呈现波动趋势，没有明显的上升或下降趋势；重量百分比变化一直呈现波动趋势，除 2009 年明显下降外其余年份没有明显的上升或下降趋势，较为平稳。

2012 年 10 月向家坝水库蓄水后，2013—2015 年长江上游铜鱼资源量监测结果显示，铜鱼资源量相对 2012 年金沙江一期工程蓄水前呈现下降趋势，在渔获物中的出现频率分别为 79.65%、62.49% 和 61.22%，重量百分比分别为 11.13%、13.85% 和 12.49%，CPUE 分别为 404.29g/（船·d）、401.18g/（船·d）和 400.53g/（船·d）。蓄水后铜鱼出现频率从蓄水前的 90% 回落至 60%，并维持不变；渔获数量在多年监测中变化较为平稳，但不能说明资源形势稳定，可能是受渔业捕捞压力升高的加权作用。铜鱼鱼类早期资源数量也呈现平稳波动趋势，长江上游保护区仍具有较多量的铜鱼自然群体，2013 年开始下降明显，2014 年和 2015 年略有恢复，但未恢复至蓄水前水平。受 2012 年蓄水的影响，铜鱼种群数量也有减少趋势，近两年变化趋势总体较缓。

2014—2015 年长江上游长薄鳅资源量监测结果显示，长薄鳅资源量相对 2012 年金沙江一期工程蓄水前呈现下降趋势，在渔获物中的出现频率分别为 37.94%、45.57% 和 44.27%，重量百分比分别为 5.31%、4.40% 和 4.24%，CPUE 分别为 194.88g/（船·d）、184.52g/（船·d）和 183.93g/（船·d）。水文情势的改变导致补充群体数量减少，但渔业资源数量并未明显减少，主要是渔获物中的小型个体增加，大型个体减少导致。2015 年鱼类早期资源监测结果显示，江津断面长薄鳅产卵规模已较前几年大幅下降，因此，虽然蓄水初年鱼类早期资源量有明显恢复，可能是长薄鳅洄游至金沙江中上游通道阻断，导致亲鱼爆发性产卵，2015 年又恢复至正常水平并略有降低。

铜鱼和长薄鳅虽属不同生活史类型鱼类，但在产卵规模变化上呈现出较为相似的规律，尤其是 2013 年产卵规模急剧下降后，2014 年有一定幅度回升，而 2015 年又略有下降，原有典型产漂流性卵鱼类产卵规模继续减小。

1.2.2 问题与需求

通过保护区相关科研项目研究，分析了保护区河段自然的水文水动力状况特征，并在金沙江下游梯级水库向家坝、溪洛渡水库相继建成蓄水的背景下，分析了水库蓄水后的水文水动力条件变化，及其对典型鱼类的影响和响应；同时，也结合鱼类监测数据和同期水文数据的统计相关分析，以铜鱼和长薄鳅为代表鱼类初步探讨了产漂流性卵鱼类产卵繁殖的生态水文需求。由于受项目研究时间、经费和数据资料所限，相关研究还存在一些问题和不足。

水文水动力学条件方面，主要围绕保护区水文站点屏山站和朱沱站进行了水文情势的特征和变化分析，但保护区河段较长、支流较多、河道复杂，不同节点断面的水文水动力条件存在较大差异，目前的水文水动力条件分析断面尚不足够；今后有必要收集支流水文数据，结合代表性鱼类的具体栖息地产卵场断面，通过水文水动力学模型模拟计算，开展精细化的水文水动力学条件模拟分析，认识保护区重点河段断面的水文水动力特征。

鱼类生态水文需求方面，目前和水文数据相匹配的鱼类监测数据太少，仅有 2009 年后的鱼类早期资源监测资料，2009 年前相关鱼类资源监测工作开展得很少，且2012 年 10 月向家坝水库开始蓄水，相对自然状况下的鱼类资源和水文监测数据受到影响，导致用于分析代表性鱼类产卵繁殖生态水文需求的数据系列长度不足；此外，目前的生态水文需求主要是针对鱼类产卵繁殖期的，鱼类其他生长阶段的生态水文需求尚不明确；所有鱼类生态水文需求分析结果也是初步的，还有待于继续监测研究。

鱼类生态响应方面，蓄水后鱼类监测数据系列很短（仅 2013—2015 年），仅用 3年的数据是很难说明蓄水对代表性鱼类资源的影响或是鱼类对水文变化的生态响应的；况且，蓄水给保护区带来的不仅是水文和水动力条件的变化，还有水温、泥沙和营养物等一系列和鱼类生长繁殖密切相关的环境要素的变化，这些环境要素的相互作用关系，各环境要素变化对鱼类的影响及其贡献度，都需要做进一步研究分析。

基于以上分析，针对保护区典型代表性鱼类，建议在水文水动力条件方面进行以下研究。

（1）鱼类生态水文需求研究。建议继续并进一步加强对典型代表性鱼类的种群和早期资源监测工作，这是鱼类保护研究的基础性工作。在此基础上，选择产漂流性卵、产黏沉性卵等不同类型代表性鱼类开展鱼类生态水文需求攻关研究，通过对鱼类关键栖息地的精细化水文水动力模拟分析，研究提出具有一定物理机制的鱼类全过程（产卵繁殖期、育肥期和越冬期）生态水文需求。

（2）水文变化的鱼类生态响应研究。进一步研究梯级水库蓄水运行后保护区河段的水文水动力变化特征规律，分析水文情势变化导致的河流水温、泥沙和营养物等环境要素的变化，通过现场监测和室内实验，研究环境要素变化对代表性鱼类的影响，并开展多因子综合影响分析，辨析鱼类资源变化的主导因素，从种群资源和早期资源方面建立代表性鱼类对主导环境要素变化的生态响应的量化关系。

（3）梯级水库生态调控研究。在鱼类生态水文需求研究的基础上，结合鱼类关键栖息地产卵场，研究关键河段、关键断面的生态流量过程，并提出对梯级水库下泄的水文过程约束；开展梯级水库的多目标生态调控优化模型方法研究，兼顾生态需求优化调整上游梯级水库调度方案，研究考虑区间支流来水短期预报的实时生态调控方案，并开展生态调度的实施效果监测评估，反馈完善梯级水库生态调控方案。

1.3　保护区水生生态环境

1.3.1　鱼类资源研究

1. 鱼类资源调查

长江上游是我国淡水鱼类种质资源最为丰富的地区之一。关于长江上游鱼类区系组成及其分类的研究较多，积累了很多的资料，相关研究始于各省对辖区内长江干支流进行的调查研究，并形成了一系列的成果。关于长江上游鱼类的研究最早开始于 1870 年，法国传教士 David 进入四川省水域采集各类生物，并将所得的几种鱼类带回法国研究，由 Sauvage 和 Dabry 二人在 1874 年将成果发表于"中国的淡水鱼类"一文中。后来也有一些国家相继派遣人员来长江上游采集标本并整理发表，但较为系统的研究开始于新中国成立后，《中国鲤科鱼类志（上卷）》（伍献文，1964）和刘成汉（1964）关于四川鱼类区系的研究对长江上游鲤科鱼类及四川段鱼类区系进行了初步总结，但未对长江上游鱼类进行整体描述。直到 20 世纪 70 年代，中国科学院水生生物研究根据新中国成立后对长江鱼类的调查结果进行整理形成了《长江鱼类》（湖北省水生生物研究所鱼类研究室，1976）一书，首次系统编录了长江鱼类，记载长江上游有鱼类约 170 种，其中仅见于长江上游的有 80 余种。20 世纪 80 年代改革开放后各省科研院所及中国科学院对长江流域鱼类进行了深入调查研究，并对比历史资料，分别形成了《云南鱼类志》（褚新洛，1989）、《四川鱼类志》（丁瑞华，1994）和《中国动物志》（乐佩琦，2000）等一系列专著和针对某一江段的研究文献（吴江和吴明森，1986；熊天寿等，1993），对长江上游鱼类区系组成及分布进行了较为全面系统的调查总结。在上述调查结果基础上经相关研究总结后获知，长江上游干、支流及其附属湖泊内共分布有鱼类 261 种，隶属于 9 目 22 科 112 属，鱼类区系组成最为突出的特点是分布区域局限于长江上游水域的特有种类数量多，总计有 112 种，占长江上游鱼类总数的 42.9%，特有鱼类种类所占比例超过国内其他任何区域或水系（于晓东，2005）。21 世纪以来，相关研究者在已有研究的基础上对长江上游的特定江段或某一支流进行了深入调查研究（邓其祥等，2000；刘清等，2005；张庆等，

2006；邱春琼等，2009；吴金明等，2010；曾燏和周小云，2012），补充了前人资料并对环境变化及人类活动对鱼类资源的影响进行了一定的比较说明。

2. 生物学研究

长江上游鱼类研究随着时间的推移在不断完善，不同学者选择不同鱼类分别从个体生物学、鱼类早期资源、种群动态和种群遗传等方面对长江上游鱼类进行了研究。通过整理历史资料发现，个体生物学研究对象主要集中在能大量采集到样本的铜鱼（*Coreius heterodon*）（何学福等，1980；刁晓明等，1994；庄平等，1999）、圆口铜鱼（*Coreius guichenoti*）（程鹏，2008；周灿等，2010；杨少荣等，2010）、大口鲇（*Silurus meridionalis*）（王志玲等，1990）、长鳍吻鮈（*Rhinogobio ventralis*）（段中华等，1991；周启贵和何学福，1992；鲍新国等，2009；辛建峰等，2010）、圆筒吻鮈（*Rhinogobio cylindricus*）（马惠钦和何学福，2004；王美荣等，2012）、长薄鳅（梁银铨等，2007）、中华倒刺鲃（*Spinibarbus sinensis*）（刘建虎和卿兰才，2002；蔡焰值等，2003）、高体近红鲌（*Ancherythroculter kurematsui*）（刘飞等，2011）、厚颌鲂（*Megalobrama pellegrini*）（李文静等，2007）、张氏䲝（*Hemiculter tchangi*）（孙宝柱等，2010）和黑尾近红鲌（*Ancherythroculter nigrocauda*）（薛正楷和何学福，2001）等长江上游特有及主要经济鱼类。鱼类早期资源研究主要集中在胚胎发育（余志堂等，1986；吴青等，2004；杨明生，2004；李文静等，2005；赵鹤凌，2006；王宝森等，2008）、卵苗发生量和时空分布（唐锡良等，2010；吴金明等，2010；唐会元等，2012）等宏观方面。种群动态研究主要集中在铜鱼（冷永智等，1984）、圆口铜鱼（周灿等，2010；杨志等，2010）、长鳍吻鮈（张松，2003；辛建峰等，2010；刘军等，2010）和厚颌鲂（高欣等，2009）等资源量较为丰富的鱼类，也有研究对某一江段的多种鱼类进行同时评估（吴金明等，2011），研究中采用的方法主要为体长股分析法（LCA）和B-H动态综合模型。种群遗传研究主要集中在胭脂鱼（*Myxocyprinus asiaticus*）（孙玉华，2004）、铜鱼（袁娟等，2010）、圆口铜鱼（袁希平等，2008）、岩原鲤（*Procypris rabaudi*）（宋君等，2005）、中华沙鳅（*Botia superciliaris*）（刘红艳等，2009）、长鳍吻鮈（徐念等，2009；Xu et al.，2010）、圆筒吻鮈（Liu et al.，2012）、异鳔鳅鮀（*Xenophysogobio boulengeri*）（Cheng et al.，2012）长薄鳅（赵刚等，2010；Liu et al.，2012；Li et al.，2012）、白甲鱼（*Onychostoma simus*）（Xiong et al.，2009）等重要经济鱼类或珍稀特有鱼类，也有研究选用线粒体DNA或微卫星DNA等分子标记手段对两种或两种以上同属或同亚科鱼类进行比较研究（夏曦中，2005；廖小林，2006；孟立霞等，2007；罗宏伟等，2009；孔焰，2010；陈建武等，2010）。从研究历史来看，近年来长江上游特有鱼类被越来越多的学者所关注，但保护区67种长江上游特有鱼类中仅有岩原鲤、圆口铜鱼、长薄鳅、圆筒吻鮈、长鳍吻鮈、异鳔鳅鮀、厚颌鲂、宽口光唇鱼、黑尾近红鲌、昆明裂腹鱼和齐口裂腹鱼等11种得到了较为详细的研究，仍缺乏较为系统的调查，基础资料积累较少。另外由于研究侧重点不同和时效性问题，现有研究结果已不能反映当前保护区特有鱼类生物学和遗传多样性现状。因此有必要加强该部分研究，以丰富资料和指导实践。

1.3.2　生态环境研究

1. 水质环境研究

茹辉军等（2015）对向家坝、溪洛渡水库蓄水前后长江上游珍稀特有鱼类国家级自然保护区水环境质量进行了比较研究，发现蓄水前后保护区水质总体良好，但总氮和总磷均超标，表明保护区存在有机污染的风险较高。张敏等（2014）对长江上游珍稀特有鱼类保护区不同时空分布格局水环境因子进行了研究，发现长江干流与赤水河呈现出明显的差异。陈静生等（1998）对长江中、上游水质变化趋势与环境酸化关系进行了研究，发现长江水体碱度有所降低，钙离子和硫酸根离子含量有所升高。

2. 生物环境研究

刘佳丽（2009）从生物学和生态学的角度评价长江上游保护区水质情况以及发展趋势，通过周丛藻类对环境的指示作用发现，保护区水体是寡污带向中污带过渡的水体。李锐（2015）对长江上游宜宾至江津江段周丛藻类进行研究，发现全年各采样点间周丛藻类群落相似性大多表现为中度相似，保护区环境总体比较稳定。

余海英（2008）对长江上游珍稀特有鱼类国家级自然保护区浮游植物和浮游动物种类分布和数量进行了研究，发现保护区浮游植物优势种类是中污染指示种，说明水环境受到一定程度的污染。从浮游动物的生物量来看，保护区的水质为贫营养型。

第2章

长江上游珍稀鱼类

2.1 白鲟

2.1.1 研究概况

1. 分类地位

白鲟［*Psephurus gladius*（Martens），1862］，隶属于鲟形目（Acipenseriformes）白鲟科（Polyodontidae）白鲟属（*Psephurus*）。为国家一级保护野生动物，IUCN 极危（Critically Endangered）物种，CITES 附录 II 保护动物。

2. 外形特征

体呈梭形，体表裸露无鳞，体色深灰或浅灰。吻特长，呈剑状，吻长为眼后头长的 1.5～1.8 倍，吻部由前到后逐渐变宽（图 2-1）。具须一对，细小，位于吻之腹面。口裂大，弧形，腹位。鳃盖膜发达，呈三角形。尾歪形，上叶较下叶长（四川省长江水产资源调查组，1988）。

图 2-1　白鲟（拍摄者：危起伟）

幼鱼形态与成鱼基本相似，其体长与体长／眼径、体长／吻须长呈明显的正相关（朱成德和余宁，1987）。

3. 种群分布

白鲟主要分布于长江水系，可在长江口咸淡水区生活，在近海区也偶有发现，但以淡水生活为主。在四川宜宾至上海崇明岛均有分布，在东海、黄海也曾有记录（四川省长江水产资源调查组，1988）。白鲟为底栖性鱼类。白鲟的活动区域受环境因素的影响，6—8月白鲟进入四川江段的支流进行索饵洄游，9月以后从支流至干流进行越冬洄游。在长江中游，白鲟也进入湖泊索饵越冬（四川省长江水产资源调查组，1988）。

4. 三场分布

白鲟比较集中的产卵场位于长江宜宾江安段和金沙江宜宾柏溪段（刘成汉，1979）。在长江上游四川泸州以下江段以及长江中下游江段均有白鲟幼鱼捕捞记录，说明白鲟的索饵场广泛分布在长江干流中。

5. 研究与保护概况

目前白鲟的种群数量已极稀少，相关的研究由于缺乏样本已基本处于停滞状态。早期有关白鲟的研究主要涉及生物学和生态学。白鲟已被列入国家一级保护野生动物，在长江上游建立了"长江上游珍稀、特有鱼类国家级自然保护区"，白鲟为该保护区的保护对象之一。

2.1.2 生物学研究

1. 渔获物结构

白鲟被列为国家一级保护野生动物后，其商业捕捞被禁止，仅有一些误捕数据。

据宜宾、泸州和重庆渔政站的不完全统计，1982—2000年，长江上游白鲟总误捕数为42尾（表2-1）。2002年春季，长江水产研究所在宜宾江段进行了专项捕捞，没有发现白鲟。根据宜宾渔政站的监测结果，2003年1月24日，宜宾南溪江段误捕白鲟1尾。长江水产研究所分别于2006—2008年和2011—2013年在长江上游进行了白鲟的科研试捕和水声学探测工作，试捕没有捕获白鲟，水声学探测数据共发现疑似信号14个，其中高度疑似的信号5个。5个高度疑似的信号中，有4个信号是2008年3月30日在宜宾附近江段发现的，1个是在李庄附近江段发现的。但是后续对宜宾附近江段4个高度疑似信号的复核调查却再没有发现类似的信号。

表 2-1 近年来白鲟出现江段统计表

年份	宜宾	泸州	重庆	葛洲坝下
1982	8	ND	ND	11
1983	5	ND	ND	8
1984	2	ND	ND	25
1985	2	ND	ND	32
1986	1	ND	ND	15

续表

年份	宜宾	泸州	重庆	葛洲坝下
1987	0	ND	ND	13
1988	1	ND	ND	6
1989	0	ND	ND	6
1990	0	ND	ND	10
1991	1	ND	ND	6
1992	1	ND	2	4
1993	4	ND	0	3
1994	4	ND	0	1
1995	3	0	0	0
1996	3	0	0	0
1997	2	1	1	0
1998	0	0	0	0
1999	0	0	0	0
2000	1	0	0	0
2001	0	0	0	0
2002	0	0	0	1
2003	1	0	0	0
2004 年至今	0	0	0	0

2. 年龄与生长

长江口白鲟的生长较为迅速，平均体长从 6 月 21 日的 87.67mm 可生长至 10 月 12 日的 530mm，其生长方程为 $L_t = 79.972\,3e^{0.021\,3t}$（$t$ 为天数）（朱成德和余宁，1987）。

Wei 等（1997）对 1981—1986 年捕自葛洲坝下的 17 尾白鲟的全长进行了研究。结果表明，全长范围为 148.8 ~ 262cm。88.2% 的个体处于 182 ~ 244 cm 的全长范围内。1973 年在长江上游捕获的 11 尾性成熟个体的平均体重为 37.5kg。全长与体重的关系为 $W = 1.577 \times 10^{-7}\,\mathrm{TL}^{3.525\,0}$（$n = 19$，$R^2 = 0.986\,3$）（四川省长江资源调查组，1988）。

马骏等（1996）对 1981—1990 年捕自重庆至河口约 2 450km 长江干流及崇明岛东滩的白鲟进行了研究，发现吻长约为全长的 1/3，性成熟前该长度随个体生长而减小，性成熟后基本稳定，雌雄鱼无显著差异。白鲟生长迅速，在第一年其长度生长最为突出。雌雄鱼在性成熟前生长无明显差异，性成熟后雌鱼的长度及重量均大于相同年龄的雄鱼。鉴定的最大个体：雌鱼 17 龄，全长 329cm，体重 102kg；雄鱼 11 龄，全长 250cm，体重 41.4kg。

3. 食性特征

白鲟为肉食性动物，食物种类因栖息地不同而有差异。在四川江段，春、夏季主要摄食铜鱼、吻鮈，秋季主要摄食虾虎鱼、吻虾虎鱼和虾类（四川省长江资源调查组，1988）。

长江口当年幼鱼主要摄食底栖小型虾类和鱼类（朱成德和余宁，1987），除此之外，其胃内发现的食物有桡足类、端足类、等足类、糠虾类、蟹类等，其中以虾类出现频率最高，主要是脊尾白虾及安氏白虾，其次为端足类，再次是鱼类及等足类；重量上虾类在各种食物中所占比例最大，鱼类次之。幼鱼摄食频度为100%，平均胃饱满指数为198.46。

4. 繁殖特征

白鲟最小性成熟年龄：雌性为 7 ~ 8 龄，体重 25kg 以上；雄性较雌性稍早，体重也相应较小。产卵期为 3—4 月（四川省长江水产资源调查组，1988）。产卵场主要分布在四川省宜宾市距柏溪镇 8km 的金沙江河段及四川省江安县附近的长江河段内。三块石产卵场河宽约 360m；上游河道底质为砂质或泥质，下游河道底质为砾石；水深约 10m，流速 0.72 ~ 0.92m/s，溶解氧 8 ~ 10mg/L，pH 8.2，透明度 39cm，产卵期水温 18.3 ~ 20.0℃（李云等，1997）。

2.1.3 资源量研究

白鲟资源量长期较小，历史上长江沿江各省均有捕获，产量未作详细统计，估计全江段年产量 25t 左右，四川及重庆江段年产约 5t（四川省长江水产资源调查组，1988）。在葛洲坝下，1981—1991 年每年可发现 6 ~ 32 尾成体（Wei et al., 2007），1992—1994 年，分别在葛洲坝下发现 4 尾、3 尾和 1 尾，1995 年以后便难见其踪迹，直至 2002 年在江苏南京下关附近发现雌性白鲟成体 1 尾。长江上游江段白鲟资源量也急剧下降，1982—2000 年近 20 年总误捕数为 42 尾，最后记录到的白鲟活体是 2003 年 1 月在宜宾南溪江段误捕到的一尾成体（陈细华，2007）。2003 年至今，长江水产研究所在长江上游进行了多次水声学探测及科研试捕，发现了白鲟疑似信号，但未捕捞到活体（Zhang et al., 2010）。

2.2 长江鲟

2.2.1 研究概况

1. 分类地位

长江鲟（*Acipenser dabryanus* Duméril, 1868），隶属于鲟形目（Acipenseriformes）鲟科（Acipenseridae）鲟属（*Acipenser*）。为国家一级保护野生动物，IUCN 极危物种，CITES 附录Ⅱ保护动物。

2. 外形特征

外形粗长呈鱼雷形，前段粗壮，向后渐细，横切面呈五边形。腹面平扁，尿殖孔以后较细，横切面呈椭圆形。幼鱼身体细长呈长梭形，吻部尖长，微向上翘。体色在侧骨板以上为灰黑色或灰褐色，侧骨板至腹骨板之间为乳白色，腹部黄白色或乳白色。体色在不同个体间变化较小。头部略呈圆锥形，侧面观呈楔形，腹面平扁（图 2-2）。具须 2 对。口下位，横裂，口角和下颌外侧有唇褶。吻部发达，布有陷器。眼位于头部两侧，稍偏体轴的上方，眼的横轴稍大于纵轴，微呈椭圆形，无上、下眼睑和瞬膜。躯干部具 5 行骨板，背骨板 1 行，位于体背中央；侧骨板 2 行，位于躯干两侧；腹骨板 2 行，位于躯干部腹面的两侧。背骨板呈菱形，具棱和刺，锋利如刀刃，是 5 行骨板中最大者，通常有 9 ～ 11 枚，背鳍之后还有 1 ～ 2 枚。侧骨板呈三角形，具棱和刺，是 5 行骨板中最小者，通常有 29 ～ 36 枚。腹骨板较大，略似斜菱形，具棱和刺，通常有 9 ～ 13 枚。位于尾部腹面臀鳍前的骨板称为臀前骨板，1 ～ 2 枚；臀鳍后的称臀后骨板，通常有 2 枚。存在退化的泄殖腔，肛门、尿殖孔均开口于泄殖腔，这是与中华鲟的区别。尾部细而较短，具 4 行骨板，背骨板和侧骨板是躯干部同行骨板的延续，腹骨板在腹鳍前终止，腹面仅有 1 行骨板。尾鳍为歪形尾，上叶长于下叶（四川省长江水产资源调查组，1988）。

图 2-2　长江鲟（拍摄者：李雷）

3. 种群分布

主要分布于金沙江下游和长江上游，在长江上游的各大支流也有分布，如嘉陵江及其支流渠江以及沱江等支流的下游也可捕到，长江中游的沙市以上江段也有分布。

4. 三场分布

根据 1972—1975 年的调查，长江鲟繁殖群体零星分散，没有较集中的大型产卵场和明显的盛产期。其产卵场主要分布在金沙江下游的冒水至长江上游合江之间的江段，产卵一般在主河道的石砾滩上，一般要求流速 1.2 ～ 1.5m/s，透明度 33cm，水深 5 ～ 13m，水温 16 ～ 19℃，产卵场下游不远处应有较多的沙泥底质的湾沱。根据 1972—1975 年长江上游的调查，刚孵出的仔鱼随江水漂下一段距离后，就在合江至江津段觅食育肥。

2.2.2 生物学研究

1. 渔获物结构

长江鲟曾经是长江上游干流和主要支流的渔业捕捞对象之一，20世纪70年代初，长江鲟曾经占合江总产量的4%～10%。此后，长江鲟的资源量急剧下降，据统计，1982年长江鲟实行禁捕后，长江鲟在长江上游仍有一定的误捕量，但葛洲坝下游自1994年后未发现过长江鲟（陈细华，2007）。从2007年开始实施长江鲟的增殖放流后，长江鲟在渔获物中偶有出现，但误捕个体多为增殖放流个体。

在2011—2015年的监测中，共记录到长江鲟的误捕数据588尾，误捕地点主要位于李庄、南溪以及宜宾江段，在泸州、赤水、长寿、重庆等江段也有少量的误捕记录。

2. 年龄与生长

长江鲟的体长和体重随着年龄的增长而增长，在6～7龄增重最快，且雄性个体增长量较雌性个体小（四川省长江水产资源调查组，1988）。

20世纪70年代长江上游捕获的长江鲟以当年幼鱼和1龄幼鱼（春夏采到的前一年秋冬季孵出的幼鱼）为主，占总数的60%；1～1+龄幼鱼（秋冬采到的前一年春季孵出的幼鱼）占19%；2龄以上占13%，其中4～8龄的成体占8%左右，雌体更少，仅占2.7%（四川省长江水产资源调查组，1988）。

何斌等（2011）对长江鲟在人工养殖条件下的生长情况进行了研究，平均体重617.27g、平均全长53.45cm、平均体长42.38cm的长江鲟通过140d的人工饲养长成平均体重1 379.32g、平均全长66.05cm、平均体长53.55cm的个体。其全长平均日生长量0.09cm，平均瞬时生长率0.151%；平均日增重量5.443g，平均瞬时增重率0.574%。全长与体长之间呈线性关系：TL= 1.139 8SL+ 4.915 7（R^2= 0.998 6）。体重与全长的关系为W= 0.000 2TL$^{3.742\,3}$（R^2= 0.997 7），体重与体长的关系为W= 0.001 9SL$^{3.382\,1}$（R^2= 0.994 4），幂指数 b 值均大于3，表明体重在617.27～1 379.32g之间的长江鲟在人工养殖条件下的生长为异速生长类型，体重生长快于全长和体长生长。

3. 食性特征

长江鲟属杂食性鱼类，幼鱼以动物性食物为主，常见的有水生寡毛类动物、水生昆虫幼虫、小鱼等，成鱼以底栖动物及水生植物和碎屑为主。随着个体的生长，摄食量增加，开始转变为摄食植物性食物，如水体中的藻类，水生植物的茎、叶等。在人工培育条件下，经驯化可摄食丰年虫幼虫、水蚯蚓和配合颗粒饲料等，在稚鱼、幼鱼阶段可摄食丰年虫幼虫或剁碎水蚯蚓，随个体的长大，在饵料中逐步少量添加配合饲料进行饵料驯化。

4. 繁殖特征

繁殖季节为3—4月及11月末至12月，雄性个体4～6龄达性成熟，体长80～102cm；雌性个体6～8龄达性成熟，体长90～110cm；成熟个体体重为6～16kg。长江鲟不具有集群进行溯河生殖洄游和群集生殖的习性，产卵群体零星分散，无较集中的大型产卵场和明显的盛产期。产卵场主要分布于上自金沙江下游的冒水、下至长江上游的合江之间的江段，主要产卵场有金沙江下游的血滩，长江上游宜宾附近江段的安边、南广、盐坪、黄角沱、白沙湾，南溪区马家乡黑石包，泸县观音沱，合江县黄河口等处。产卵场的位置一般在主河道的石砾滩上，流速为 1.2 ～ 1.5m/s，透明度为 33cm，水深为 5 ～ 13m，水温春季为 16 ～ 19℃，冬季为 12 ～ 15℃。距产卵场下游不远处应有较多的沙泥底质的湾沱，便于孵出的仔幼鱼进行索饵肥育。产黏性卵，卵径 2.8 ～ 3.5mm，绝对怀卵量为 6 万～ 13 万粒 / 尾。雄鱼的性成熟系数为 4.5% ～ 6.5%，雌鱼为 10% ～ 18.8%。

5. 胚胎发育

根据 1976 年和 1978 年的试验数据，当孵化温度变动在 17.0 ～ 18.0℃之间时，鱼卵经过 177h 全部孵出。胚胎发育过程图谱见图 2-3。

6. 苗种培育

任华等（2014）对长江鲟在人工养殖条件下的苗种培育进行了总结：长江鲟鱼苗在 18℃的水温条件下，仔鱼孵出后生长到第 7 天时卵黄逐渐吸收完，黑栓大量排出体外，此时应开始投喂开口饵料。长江鲟仔鱼最佳开口饵料为丰年虫幼体。在有少量黑栓排出体外，鱼苗开始贴底集群时，就应做鱼苗开口前的准备工作。前期采用丰年虫开口，后期采用水蚯蚓加微粒饲料混合投喂。日投喂 8 次，每 3h 投喂一次。丰年虫投喂前停气泵静置 15min，捞出水体上层虫壳，吸取水体中层丰年虫幼体，直接向全缸均匀泼洒，投喂饵料时停水 15min；当体长达 2cm 以上时，用剁碎水蚯蚓和微粒饲料混合投喂，微粒饲料每餐投喂量按 6g/ 万尾鱼苗的比例混合水蚯蚓浆泼洒投喂；体长达 5cm 左右时逐步减少水蚯蚓投喂量、增加微粒饲料量，并逐步过渡到完全摄食人工配合饲料。在鱼苗培育期间保持水质清新、水温稳定、溶解氧稳定，每天检测水温、溶解氧、氨氮等，饵料投喂结束后及时清理残饵、粪便。

2.2.3　遗传学研究

张四明、晏勇等（1999）测量了长江鲟的 DNA 含量为 8.28pg，为八倍体类型。汪登强应用 PCR 技术测定了长江鲟线粒体全序列，长江鲟 mtDNA 全长为 16 437bp。全序列在 GenBank 的收录号是 NC_005451。A、C、G、T 的含量分别为 30.2%、29.7%、16.4%、23.7%。张四明、张亚平等（1999）采用 PCR 技术和 DNA 测序技术，测定中华鲟与长江鲟个体间 mtDNA 分子的串联重复序列单元碱基突变为 2 ～ 3 个；采用 DNA 测序技术首次测定了长江鲟等 12 种鲟形目鱼类的 mtDNA、ND4L 和 ND4 基因（703bp）的序列，并进行了分子系统学分析，认为长江鲟与中华鲟亲缘关系最近，很有可能为中华鲟的一种陆封类型。

2.2.4　生理学研究

陈春娜等（2015）对长江鲟精子的生理生态特性进行了研究。长江鲟精子平均密度为 1.52×10^{9} 个 /mL；精浆元素以 Na^{+} 含量最高，其次是 K^{+}，之后为 Ca^{2+}、

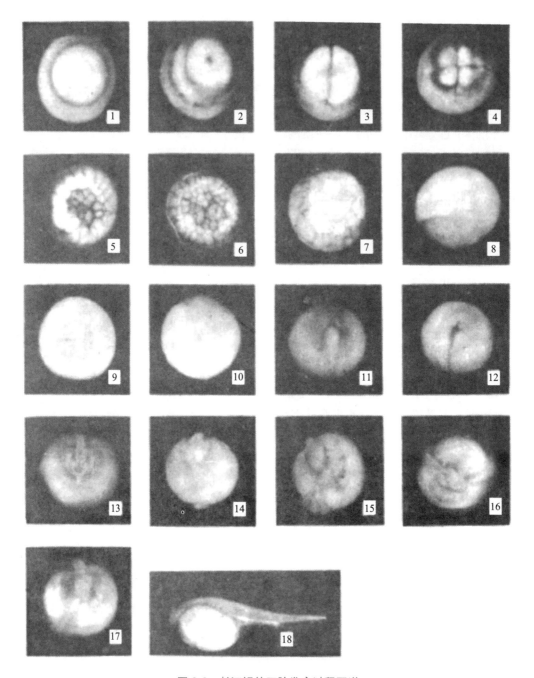

图 2-3　长江鲟的胚胎发育过程图谱

1. 成熟卵；2. 新月时期；3. 第一次卵裂时期；4. 第二次卵裂时期；5. 第五次卵裂时期；
6. 第六次卵裂时期；7. 早囊胚时期；8. 中原肠时期；9. 大卵黄栓时期；10. 隙状胚孔时期；
11. 宽神经板时期；12. 晚神经胚时期；13. 短心管时期；14. 心管弯曲时期；15. 尾达心脏时期；
16. 尾触头时期；17. 尾达间脑时期；18. 刚出膜的仔鱼

Mg^{2+}、Cu^{2+}、Zn^{2+}，其中 Na^+、K^+、Zn^{2+} 在长江鲟精浆中的含量有极显著性差异（$P<$ 0.01），Ca^{2+}、Cu^{2+}、Mg^{2+} 差异不明显；精子在江水中的活力最高；在 Na^+ 浓度为 20 mmol/L 时，精子活力最高，精子快速运动时间（FT）和寿命（LT）分别为（66.7±7.1）s 和（177.0±14.9）s；长江鲟精子对 K^+ 浓度变化较为敏感，在 K^+ 浓度为 0.05 mmol/L 时，精子 FT 和 LT 最长，分别为（109.0±16.1）s 和（189.3±12.4）s，K^+ 浓度超过 0.05mmol/L 后精子 FT 和 LT 急速下降，当 K^+ 浓度达到 0.5 mmol/L 以上时，精子活力立即受到抑制；长江鲟精子细胞核长（5.67±0.20）μm，鞭毛长（63.16±2.79）μm，全长为（70.35±2.92）μm。

2.2.5　资源保护研究

1. 人工繁殖
1976 年，重庆市水产研究所等单位在长江上游进行长江鲟江边拴养催产试验，首次获得成功。早期常采用鲟鱼脑垂体和 / 或促黄体素释放激素类似物作为催产剂，现在可选择绒毛膜促性腺激素搭配使用鱼类脑垂体等。长江鲟的池塘驯养技术较为成熟，采用内塘驯养的子一代鲟做种鱼，已成功繁殖出子二代鱼苗。

2. 增殖放流
从 2007 年以来，开始在长江上游及中游开展长江鲟的增殖放流工作。2010—2013 年进行了 15 次长江鲟增殖放流，主要放流地点为金沙江水富江段、长江上游宜宾江段和长江中游宜昌、荆州江段，共标记放流长江鲟 15 930 尾。

2.3　胭脂鱼

2.3.1　研究概况

1. 分类地位
胭脂鱼［*Myxocyprinus asiaticus*（Bleeker），1864］，隶属于鲤形目（Cypriniforms）胭脂鱼科（Catostomidae）胭脂鱼属（*Myxocyprinus*）。为国家二级保护野生动物，《中国濒危动物红皮书》易危物种，IUCN 易危（Vulnerable）物种。

2. 外形特征
体侧扁，背部在背鳍起点处特别隆起。吻钝圆，口小，下位，呈马蹄形。背鳍无硬刺，其基部很长，延伸至臀鳍基部后上方（图 2-4）。在不同生长阶段形态特征变化较大。在仔鱼阶段，体形细长，体长约为体高的 4.7 倍；幼鱼阶段体长约为体高的 2.5 倍；成鱼体长约为体高的 3.4 倍。仔鱼体呈灰白色；幼鱼体呈深褐色，体侧各有 3 条黑色横条纹；背鳍、臀鳍、胸鳍、腹鳍略呈淡红色，并有黑色斑点，尾鳍上叶灰白色，下叶下缘灰黑色；成熟雄鱼体侧为胭脂红色，成熟雌鱼体侧为青紫色，背鳍、尾鳍均呈淡红色（湖北省水生生物研究所鱼类研究室，1976）。

图 2-4　胭脂鱼（拍摄者：李雷）

3. 种群分布

胭脂鱼在长江流域中广泛分布，长江上游的宜昌至宜宾江段，以及岷江、嘉陵江、赤水河、乌江等支流中均有分布。其中，在长江上游干流中的分布较支流更多。

4. 三场分布

胭脂鱼长江上游的产卵场在金沙江、岷江、嘉陵江等地。亲鱼产卵后仍在产卵场附近逗留，直到秋后退水时期，才回归到干流深水处越冬，在长江上游干流河段均可发现胭脂鱼的幼鱼，其幼鱼索饵场的分布也比较广泛。

2.3.2　生物学研究

1. 渔获物结构

胭脂鱼为国家二级保护野生动物，禁止商业捕捞。近年来在长江上游实施了增殖放流。胭脂鱼存在一定的误捕量，据不完全统计，2011—2015 年，在长江上游共误捕胭脂鱼 326 尾，误捕地点主要集中在宜宾、南溪、李庄、长寿及万州江段。

2. 年龄与生长

胭脂鱼生长较快，在长江中捕到的最大个体可达 30kg。1983—1988 年葛洲坝下宜昌江段捕获的胭脂鱼全长为 23.5 ～ 123cm，体重为 125 ～ 17 050g；其渔获物年龄由 1 ～ 14 龄组成，以 4 龄为主，其次是 5 龄鱼，余下的依次为 6 龄及 8 龄、7 龄、10 龄、3 龄、9 龄、11 龄、1 龄、12 龄及 14 龄，未采到 2 龄鱼；其生长大致可分为两个阶段，第一阶段为未达成熟年龄，生长迅速，雄鱼在 5 龄之前，雌鱼在 7 龄之前，第二阶段为成熟阶段，生长速度比上一阶段显著减慢；全长、体重均随年龄的增加呈抛物线的形式增长；全长相同的胭脂鱼，雌鱼体重大于雄鱼，雌鱼、雄鱼全长与体重（空壳重）的关系可用以下指数方程表示：$W_♂=6.114\,8×10^{-5}L^{2.732}$（$r=0.995\,6$），$W_♀=8.331\,2×10^{-5}L^{2.765\,4}$（$r=0.990\,8$）（吴国犀，1990）。

3. 食性特征

胭脂鱼主食浮游动物、底栖动物，兼食植物碎屑等。在江河主要摄食水生昆虫幼虫，如摇蚊幼虫、蜻蜓幼虫等；在湖泊水体中主要摄食蚬、淡水壳菜等。水蚯蚓是胭脂鱼最适口的天然饵料，在人工养殖的条件下，稚鱼阶段主要投喂轮虫、蛋黄、小型枝角类幼体和桡足类等，继而投喂水蚯蚓；幼鱼和成鱼养殖阶段主要投喂冰鲜鱼浆拌鳗鱼饲料，以团块状投喂，也可以投喂颗粒饲料。

4. 繁殖特征

胭脂鱼属一次产卵类型。葛洲坝上游江段 6 龄可达性成熟；葛洲坝下游江段雌鱼 7 龄达性成熟，雄鱼 5 龄达性成熟。葛洲坝下游江段雌鱼的平均相对繁殖力约为 16.89 粒 /g。产卵水温为 14 ～ 22℃，最适水温为 18 ～ 20℃。长江上游江段生殖季节为 3—4 月，由于水温差异，葛洲坝下游江段较上游江段繁殖期迟。产卵场水流湍急，底质为砾石或礁板石。葛洲坝枢纽建成前产卵场主要分布于长江上游，特别是岷江及嘉陵江。葛洲坝枢纽建成后葛洲坝下游产卵场分布在大江枢纽下至孝子岩、胭脂坝至虎牙滩、红花套至后江沱、白洋至楼子河、枝城上下等江段。

5. 胚胎发育

万远等（2013）对胭脂鱼的早期发育过程进行了研究。胭脂鱼胚胎发育从受精卵到孵化出膜可划分为 21 个发育时期（图 2-5）。在水温 17.6 ～ 19.4℃条件下，胚胎发育共历时 147.68h，发育积温为 2 572.65℃。出膜后仔鱼经 8d 发育鳔开始充气，10d 左右达到开口期。

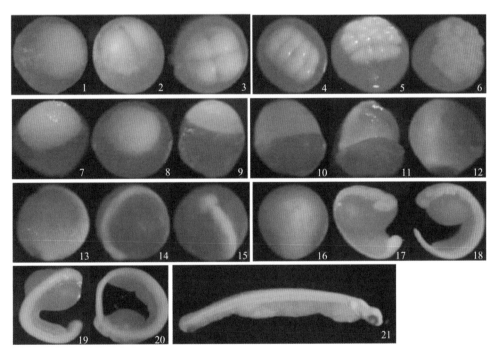

图 2-5　胭脂鱼的胚胎发育

1. 细胞期；2. 2 细胞期；3. 4 细胞期；4. 8 细胞期；5. 16 细胞期；6. 32 细胞期；7. 囊胚早期；8. 囊胚晚期；9. 原肠早期；10 原肠中期；11. 原肠晚期；12. 卵黄栓；13. 胚孔封闭期；14. 体节出现期；15. 眼基期；16. 嗅板期；17. 尾芽期；18. 耳石期；19. 胚体弯曲；20. 出膜前期；21. 出膜期

6. 苗种培育

在培育早期，以原池培育出的轮虫、枝角类幼体作为主要饵料，之后视水体中生物饵料的密度，适时捞取鲜活枝角类进行补充，数日后，用少量经漂洗消毒后的水蚯蚓在饵料台上驯食，水蚯蚓投喂时间控制在一个月以内，之后用水蚯蚓拌人工配合饲料投喂，待鱼稳定上饵料台后，逐渐减少水蚯蚓的用量，直至完全投喂配合饲料，选用高蛋白质含量的配合饲料。每天的投喂量根据天气、水温、水质和摄食情况酌情增减，天气晴朗、水质好、水温高、鱼活动能力强要多投，阴雨天、水温低、鱼活动能力弱要少投或不投。一般情况下，投饵量控制在鱼体重的 3% ～ 5%。每日早、中、晚均要巡塘，在炎热夏季傍晚和雷雨天气要特别注意，观察鱼苗活动和水色、水质变化情况，发现问题及时采取措施并定时测定溶解氧、pH、水温。为了防止残饵和粪便污染养殖水体，每天用虹吸法将池中残饵和粪便吸除 1 次，吸污时容易误吸出活鱼苗，要及时做好回捡工作。每天准确称重饵料，测量水温并记录，每天检查进出水口防逃筛绢及水流。在养殖过程中，始终坚持"以防为主，防重于治"的原则。

2.3.3　遗传学研究

孙玉华等（2002）利用 PCR 技术扩增了采自长江宜昌江段和清江的 8 尾中国胭脂鱼的线粒体 DNA 控制区全序列。研究发现该种具有脊椎动物线粒体控制区的一般结构。在获得的 958bp 的碱基序列中，共检测出 32 个多态性核苷酸变异位点，多态位点比例为 0.033。核苷酸的变异位点除 1 个为缺失外，其余全部为碱基转换。变异位点主要集中在 55 ～ 365bp 高变异区，而其他区域突变稀少。个体的变异在 0% ～ 1.36% 之间，表现出较大的个体多态性差异。中国胭脂鱼的线粒体控制区的变异远大于美国胭脂鱼。

杨星等（2006）采用聚合酶链反应 – 限制性片段长度多态性（PCR–RFLP）技术，分析了长江上、中游的宜宾、万州、宜昌和武汉金口等 4 个江段的中国胭脂鱼群体的遗传结构。用 13 个限制性内切酶分析了 4 个群体线粒体 DNA ND–5/6 片段的限制性片段长度多态性，发现 Nci Ⅰ 的酶切类型多态性是表现中国胭脂鱼遗传多样性的特异性标志。根据其酶切图谱显示的群体之间存在的多态性，计算出遗传距离和核酸序列差异程度。分析表明，长江宜宾江段的中国胭脂鱼群体与其他 3 群体产生了明显的歧化现象，长江中、下游群体间的基因交流好于上游群体，中国胭脂鱼群体内遗传结构比较单一，其群体的遗传多样性程度有进一步减退的可能性。

2.3.4　生理学研究

1. 组织学

李芳等（2016）采用组织学方法观察了胭脂鱼眼的发育过程，结果显示：胭脂鱼眼的发育经历了眼原基形成期、眼囊形成期、视杯形成期、晶体板形成期、晶体囊形成期、角膜原基形成期、角膜上皮形成期、视网膜细胞增殖期、晶状体成熟期、眼色素形成期和眼成型期等 11 个时期。视网膜发育最早，起始于眼原基的形成，直至眼成型期分化完成，形成了厚度不一的 8 层细胞，由内向外依次为神经纤维层、神经细胞层、内网层、内核层、外网层、外核层、视杆视锥层和色素上皮层，且发育历时最长，约 264h。晶状体的发育在视网膜之后，始于晶体板的形成，于出膜前期成熟，发

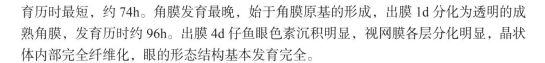

育历时最短，约 74h。角膜发育最晚，始于角膜原基的形成，出膜 1d 分化为透明的成熟角膜，发育历时约 96h。出膜 4d 仔鱼眼色素沉积明显，视网膜各层分化明显，晶状体内部完全纤维化，眼的形态结构基本发育完全。

2. 血液学

金丽等（2012）在水温 26.0 ～ 27.5℃条件下对胭脂鱼进行禁食，研究了不同饥饿时间（0d、5d、10d、20d、30d、60d）对其血液指标和造血的影响。结果表明，饥饿对胭脂鱼 RBC、Hb、MCV、MCH 和 MCHC 等生理指标都有显著影响，而对 WBC 和 HCT 影响不显著。饥饿 5 ～ 30d，外周血红细胞中含有较多数量的未成熟红细胞和较年轻的成熟红细胞，饥饿至 60d 时新生红细胞的能力严重减弱。饥饿 60d 的胭脂鱼出现大量断裂核红细胞，显示了营养不良造成的细胞病理学特征。血红蛋白含量和红细胞比容的变化与红细胞数量变化趋势一致。除胆固醇和谷草转氨酶外，其余各项生化指标均受到饥饿的显著性影响。血糖对饥饿较敏感。持续饥饿使肾脏、头肾、脾脏、肝脏等造血器官体积减小、内部结构排列疏松、细胞萎缩、造血区解体。随饥饿时间的延长，造血器官中成熟和趋向衰老的血细胞数量明显增多，各种原始和幼稚血细胞减少，造血机能下降，甚至丧失。饥饿使胭脂鱼造血过程和原有红细胞的衰老过程减缓，从而降低能量的代谢：当饥饿对鱼的生存产生胁迫时，作为能量节省机制，保存现有红细胞和停止红细胞生成可能是鱼类耐受饥饿的常用对策。

3. 能量代谢

王川等（2015）为考察饥饿及恢复摄食对胭脂鱼仔鱼氨基酸和脂肪酸的影响，在水温（19±0.5）℃条件下对胭脂鱼仔鱼实施延迟首次投喂 0d、1d、3d、5d、7d、9d 和 11d 共 7 组处理，随后进行饱食投喂，分别在延迟处理结束时和摄食后（19d 龄和 29d 龄）取材对鱼体的脂肪、脂肪酸和氨基酸含量进行检测。结果如下：①随延迟首次投喂时间的增加，胭脂鱼仔鱼鱼体的脂肪含量呈显著下降趋势。在实验结束时（29d 龄），各处理组仔鱼的脂肪含量均与对照组无显著性差异，表现出完全补偿效应。②胭脂鱼仔鱼在饥饿期间，主要以单不饱和脂肪酸作为能量代谢基质，按 n-6 > n-9 > n-3 顺序被先后利用，且 C22：6n-3（DHA）优先于 C20：5n-3（EPA）被保存下来。同时，鱼体中 DHA 和 ARA 的百分含量与仔鱼体质量和含水率存在极显著相关关系。③随延迟首次投喂时间的增加，胭脂鱼仔鱼的丙氨酸、异亮氨酸、亮氨酸和组氨酸显著下降；天冬氨酸和谷氨酸显著上升；而甘氨酸、赖氨酸和精氨酸则呈先上升后下降的趋势。结果表明胭脂鱼仔鱼对饥饿有较强的适应性，在饥饿初期以消耗脂类物质为主，当脂类物质趋于阈值，氨基酸开始被大量消耗；胭脂鱼仔鱼在饥饿后恢复摄食时，鱼体氨基酸的恢复比脂肪酸更慢。

2.3.5　资源保护研究

1. 人工繁殖

繁殖用的亲鱼也可以子 Ⅰ 代或子 Ⅱ 代苗种在池塘中培育，再从中挑选优质个体培育亲鱼，选择的亲鱼为：雄鱼 5 龄、雌鱼 6 龄以上，体型丰满健壮，体表光滑，具光泽，无病伤，体重在 7 ～ 8kg 以上为佳。胭脂鱼催产的最佳时期应是惊蛰到清明的 30d 左右的时间里，清明后性腺开始退化。胭脂鱼催产水温是 15 ～ 21℃，最好是 16 ～ 20℃，选用 LRH-A3 和鲤鱼脑垂体（PG）作为试验用催产激素。注射剂量一般情况为雌鱼每千克体重 LRH-A320μg+PG2.5mg，雄鱼减半。采用体腔或肌肉注射均可。对于个体较大的胭脂鱼，由背鳍基部进针安全些，对性腺发育好的雌胭脂鱼，可采用低剂量一次注射，性腺发育差的可采取 2 ～ 3 次注射（先用低剂量催熟，后用高剂量催产），每次注射可以相隔 1 ～ 3d。为了准确掌握采卵时间，从注射最末次针开始计时，当产卵池水温保持在 16.5 ～ 17.5℃时，待到 20h 后，每隔 0.5 ～ 1h 查 1 次雌胭脂鱼自动流卵的情况。受精卵经脱黏后，移入孵化器、环道等孵化设施进行流水孵化。

2. 增殖放流

胭脂鱼的人工繁殖研究开始较早，重庆市万州区水产研究所从 1973 年开始对胭脂鱼进行驯养研究，1976 年胭脂鱼内塘移养成功；1979 年国内首次内塘人工繁殖成功；1994 年实现全人工繁殖，目前胭脂鱼的人工繁殖技术已经非常完善，每年均能生产大量的苗种用于天然水域的增殖放流。在长江干流中下游，胭脂鱼人工增殖放流活动主要集中在湖北、安徽、上海三省（市），分别由安徽无为小老海长江特种水产养殖公司、湖北省水产良种试验站和万州区水产研究所承担，据不完全统计，2005—2013 年共放流各种规格胭脂鱼 350 余万尾（表 2-2）。

表 2-2　胭脂鱼人工增殖放流情况

年份	日期	江段	尾数（万尾）	规格
2005	6 月 10 日	安徽无为	1.5	
	8 月 30 日	湖北武汉	6	
	4 月 28 日	湖北宜昌	0.3	
2006	6 月 28 日	湖北武汉	4	
	11 月 17 日	湖北武汉	2.8	6cm
	5 月 20 日	湖北宜昌	3	
	4 月 14 日	湖北武汉	6	
	6 月 28 日	安徽无为	5.7	5 ～ 7cm
2007	7 月 15 日	湖北武汉	4	
	4 月 22 日	安徽无为	15	11cm
	6 月 27 日	安徽无为	14	
2008	7 月 7 日	安徽无为	13	
	4 月 22 日	安徽无为	2	
2009	3 月 12 日	湖北宜昌	0.2	
	6 月 13 日	安徽无为	15	
	6 月 18 日	湖北武汉	8	
2010	6 月 28 日	安徽无为	56.5	
	7 月 1 日	江苏常州	9	5 ～ 6cm

年份	日期	江段	尾数（万尾）	规格
2011	7 月 8 日	湖北武汉	6	
	4 月 15 日	湖北宜昌	7.3	
	9 月 19 日	湖北宜昌	1.5	
	7 月 19 日	安徽无为	80	
2012	5 月 4 日	江苏南京	13	
	5 月 6 日	上海崇明	1	
	12 月 7 日	江苏扬州	0.03	500 ～ 3 000g
	6 月 28 日	江苏常州	9	5 ～ 6cm
	4 月 8 日	湖北宜昌	1	
	8 月 18 日	安徽无为	18	
2013	6 月 22 日	安徽无为	50	
	12 月 8 日	上海崇明	4.5	

2.4 资源现状分析

2006—2016 年保护区江段共误捕珍稀鱼类 488 尾，其中长江鲟 153 尾、胭脂鱼 335 尾，未捕捞到白鲟。长江鲟和胭脂鱼每年都有误捕。2006—2016 年保护区江段分别误捕珍稀鱼类 1 尾、23 尾、32 尾、15 尾、142 尾、44 尾、123 尾、38 尾、55 尾、6 尾和 9 尾，数量有所波动，误捕鱼类中有部分是增殖放流个体。

白鲟：2008—2016 年对保护区长江上游进行多次专项捕捞和水声学探测，专项捕捞未捕获白鲟，但水声学探测识别出白鲟疑似信号，目前无法排除长江上游仍有白鲟栖息的可能性。

长江鲟：2006—2016 年在长江上游误捕长江鲟 153 尾，这些长江鲟的体长范围为 180 ～ 910mm，平均体长 482.7mm；体重范围 103 ～ 7 500g，平均体重 1 051.0g。误捕的长江鲟多数可确定为增殖放流的低龄个体。

胭脂鱼：2006—2016 年保护区内共误捕 335 尾胭脂鱼，体长范围 75 ～ 1 300mm，平均体长 297.1mm；体重范围 16 ～ 29 000g，平均体重 1 413.3g。其中存在一定数量的野生个体。

第3章 长江上游特有鱼类

3.1 种类组成

保护区保护对象包括 67 种长江上游特有鱼类，2006—2016 年保护区共监测到特有鱼类 49 种、42 050 尾，其中金沙江 38 种（永善至水富江段 32 种，攀枝花至巧家江段 25 种），长江干流 30 种，赤水河 37 种。监测结果显示，保护区内特有鱼类可分为 3 类，其中广布种（长江干流、金沙江和赤水河均监测到）23 种，分别为中华金沙鳅、长鳍吻鮈、长薄鳅、圆筒吻鮈、圆口铜鱼、异鳔鳅鮀、岩原鲤、四川华鳊、双斑副沙鳅、拟缘鉠、裸腹片唇鮈、伦氏孟加拉鲮、鲈鲤、宽体沙鳅、厚颌鲂、红唇薄鳅、黑尾近红鲌、钝吻棒花鱼、短须裂腹鱼、短体副鳅、短身鳅鮀、短身金沙鳅和半𩾃；区域共有种 7 种（长江干流、金沙江和赤水河中有两者监测到），分别为峨眉鱊、高体近红鲌、张氏𩾃、嘉陵颌须鮈、四川白甲鱼、四川华吸鳅和黄石爬𫚈；特有种 16 种（仅长江干流、金沙江和赤水河之一监测到），分别为长江干流特有种小眼薄鳅和金氏鉠，金沙江特有种山鳅、前鳍高原鳅、西昌白鱼、长丝裂腹鱼、齐口裂腹鱼、四川裂腹鱼、黄石爬𫚈和中华鲀，赤水河特有种四川云南鳅、云南鲴、方氏鲴、汪氏近红鲌、宽口光唇鱼和四川吻虾虎鱼；另有昆明高原鳅、秀丽高原鳅等其他 18 种特有鱼类在监测中未发现（表 3-1）。

3.2 出现频率

受地理和水文环境明显差异影响及干支流鱼类区系组成差异影响，长江上游特有鱼类在保护区出现频率存在较大差异。

2006—2016 年保护区赤水河江段共监测到特有鱼类 37 种，其中张氏𩾃、半𩾃、高体近红鲌和黑尾近红鲌为赤水河特有鱼类的优势种，汪氏近红鲌、短须裂腹鱼、细鳞裂腹鱼、中华金沙鳅、异鳔鳅鮀、四川云南鳅、峨眉鱊、嘉陵颌须鮈和鲈鲤为偶见种。

长江干流江段共监测到特有鱼类 30 种，其中圆口铜鱼、长鳍吻鮈、长薄鳅、圆筒吻鮈、红唇薄鳅和异鳔鳅鮀为长江干流江段特有鱼类的优势种，短身鳅鮀、四川白甲鱼、峨眉鱊、四川华鳊、黑尾近红鲌、厚颌鲂和小眼薄鳅为偶见种。

表3-1 保护区江段特有鱼类分布现状（2006—2016年）

序号	中文种名	拉丁学名	仁怀至合江江段	宜宾至江津江段	永善至水富江段	攀枝花至巧家江段
1	短体副鳅	Paracobitis potanini（Günther）	●◆▼★■○ #	●◆▼■ ☆○○ *#	◆★■ ☆○◎ *#	◆▼★ ☆○○ *#
2	山鳅	Oreias dabryi Sauvage			☆◎#	
3	昆明高原鳅	Triplophysa grahami（Regan）				
4	秀丽高原鳅	Triplophysa venusta（Zhu et Cao）				
5	前鳍高原鳅	Triplophysa anterodorsalis（Zhu et Cao）			★■ ☆◎	◆▼★ ☆○○ *#
6	宽体沙鳅	Botia reevesae Chang	■◎○	☆	☆	■ ☆◎
7	双斑副沙鳅	Parabotia bimaculata Chen	●◆▼★■ ☆◎○ *#	☆◎○ *	◆★	★
8	长薄鳅	Leptobotia elongata（Bleeker）	▲●◆▼★■ ☆◎○ *#	●◆▼★■ ☆○○ *#	◆▼★■ ☆○○ *#	▲●◆▼★■ ☆○○ *#
9	四川云南鳅	Yunnanilus sichuanensis Ding	★ ☆◎○ *			
10	小眼薄鳅	Leptobotia microphthalma Fu et Ye		★■ ☆◎○ *#		
11	红唇薄鳅	Leptobotia rubrilabris（Dabry de Thiersant）	●	●◆▼★ ☆■○ ☆○○ *#	○ *#	◎
12	云南鲴	Xenocypris yunnanensis Nichols	☆			
13	方氏鲴	Xenocypris fangi Tchang	●			
14	峨眉鱊	Acheilognathus omeiensis（Shih et Tchang）	★■ #	▼ #		
15	四川华鳊	Sinibrama taeniatus（Chang）	▲● ☆◎○ *#	▼ *	○ #	

续表

序号	中文种名	拉丁学名	仁怀至合江江段	宜宾至江津江段	永善至水富江段	攀枝花至巧家江段
16	高体近红鲌	Ancherythroculter kurematsui (Kimura)	▲●◆▼★■ ☆◎○ *#	●○		
17	汪氏近红鲌	Ancherythroculter wangi (Tchang)	●◆■ ☆◎○			
18	黑尾近红鲌	Ancherythroculter nigrocauda Yih et Woo	▲●◆▼★■ ☆◎○ *#	●▼■◎○ *	◆*	
19	西昌白鱼	Anabarilius liui liui (Chang)				☆
20	嵩明白鱼	Anabarilius songmingensis Chen et Chu				
21	寻甸白鱼	Anabarilius xundianensis He				
22	短臂白鱼	Anabarilius brevianalis Zhou et Cui				
23	半鳌	Hemiculterella sauvagei Warpachowski	▲●◆▼★■ ☆◎○ *#	●○#		▲■ ☆
24	张氏鳌	Hemiculter tchangi Fang	▲●◆▼★■ ☆◎○ *#	●▼★■◎○ *#		
25	厚颌鲂	Megalobrama pellegrini (Tchang)	▲●◆▼★■ ☆◎○ *#	●▼■ ☆○*	☆	
26	长体鲂	Megalobrama elongata Huang et Zhang				
27	川西鳈	Sarcocheilichthys davidi (Sauvage)				
28	圆口铜鱼	Coreius guichenoti (Sauvage et Dabry)	●◆▼★ ☆	●◆▼★■ ☆◎○ *#	●◆▼★■ ☆◎○ *#	▲●◆▼★■ ☆◎○ *#
29	圆筒吻鉤	Rhinogobio cylindricus Günther	●◆▼★ ☆◎#	●◆▼★■ ☆◎○ *#	◎○#	

续表

序号	中文种名	拉丁学名	仁怀至合江江段	宜宾至江津江段	永善至水富江段	攀枝花至巧家江段
30	长鳍吻鮈	*Rhinogobio ventralis* Sauvage et Dabry	●◆▼	●◆▼★ ■☆◎○ *#	◆★■ ☆◎○ *#	▲●◆▼★ ■☆◎○ *#
31	裸腹片唇鮈	*Platysmacheilus nudiventris* Lo, Yao et Chen	●◆▼★■ ☆◎○ *#	●▼★■ ☆◎○ *#	◆	◆
32	嘉陵颌须鮈	*Gnathopogon herzensteini* (Günther)	★◎○ *#		#	
33	钝吻棒花鱼	*Abbottina obtusirostris* (Wu et Wang)	●◎	●		▼◆ ☆◎ *
34	短身鳅鮀	*Gobiobotia abbreviata* Fang et Wang	☆#	●◆ #	◆	
35	异鳔鳅鮀	*Xenophysogobio boulengeri* (Tchang)	●▼	●◆▼★■ ☆◎○ *#	◆▼★■ ☆◎○ *#	★◆ ☆◎ ○
36	裸体异鳔鳅鮀	*Xenophysogobio nudicorpa* (Huang et Zhang)		▼★■ ☆◎#	● ☆○ *#	▲◆★ ◎ *#
37	鲈鲤	*Percocypris pingi* (Tchang)	★■	#		▲●▼ ★
38	宽口光唇鱼	*Acrossocheilus monticola* (Günther)	▲●◆▼★■ ☆◎○ *#			
39	四川白甲鱼	*Onychostoma angustistomata* (Fang)		◆●		▲ *
40	大渡白甲鱼	*Onychostoma daduensis* Ding				
41	短身白甲鱼	*Onychostoma brevis* (Wu et Chen)				

续表

序号	中文种名	拉丁学名	仁怀至合江江段	宜宾至江津江段	永善至水富江段	攀枝花至巧家江段
42	伦氏孟加拉鲮	*Bangana rendahli*（Kimura）	▲●◆▼★ ■ ☆◎○ *#	●#	*	▲●◆▼★ ☆◎○ *
43	短须裂腹鱼	*Schizothorax wangchiachii*（Fang）	◆	○	◆▼★■☆◎*#	▲●◆▼★☆◎○*
44	长丝裂腹鱼	*Schizothorax dolichonema* Herzenstein			●▼★☆◎#	★#
45	齐口裂腹鱼	*Schizothorax prenanti*（Tchang）			▼■☆◎#	■☆◎○*#
46	细鳞裂腹鱼	*Schizothorax chongi*（Fang）	◆		☆◎	▲●◆▼★■☆◎○*#
47	昆明裂腹鱼	*Schizothorax grahami*（Regan）	▼★■☆◎○*#		☆◎#	#
48	四川裂腹鱼	*Schizothorax kozlovi* Nikolsky				▲▼★
49	小裂腹鱼	*Schizothorax parvus*（Tsao）				
50	岩原鲤	*Procypris rabaudi*（Tchang）	▲●◆▼★■☆◎○*#	●◆▼★■☆◎○*#	▼★■☆◎○#	▲▼★
51	侧沟爬岩鳅	*Beaufortia liui* Chang				
52	四川爬岩鳅	*Beaufortia szechuanensis*（Fang）				
53	峨嵋同吸鳅	*Hemimyzon yaotanensis*（Fang）				
54	短身金沙鳅	*Jinshaia abbreviata*（Günther）	■☆*	☆◎○*	★○#	●★☆◎○#
55	中华金沙鳅	*Jinshaia sinensis*（Sauvage et Dabry）	●	●▼★■☆◎○*#	◆▼★■☆◎○*#	▲●▼★■☆◎○*#
56	西昌华吸鳅	*Sinogastromyzon sichangensis* Chang	▲◆▼★■☆◎○*#		#	○◎

续表

序号	中文种名	拉丁学名	仁怀至合江江段	宜宾至江津江段	永善至水富江段	攀枝花至巧家江段
57	四川华吸鳅	Sinogastromyzon szechuanensis Fang	▲●◆▼★ ■☆ ◎○ *#			
58	长须鮠	Leiocassis longibarbus Cui				
59	中臀拟鲿	Pseudobagrus medianalis Regan				
60	金氏䱻	Liobagrus kingi Tchang		○		
61	拟缘䱀	Liobagrus marginatoides（Wu）	▼★ ■ ☆◎ ○ *#	●◆▼★ ■ ☆◎○ *#	◆★ ■ ☆○ *#	
62	黄石爬鮡	Euchiloglanis kishinouyei Kimura			▼	▲● ☆*
63	青石爬鮡	Euchiloglanis davidi（Sauvage）				
64	中华鮡	Pareuchiloglanis sinensis（Hora et Silas）			*	
65	前臀鮡	Pareuchiloglanis anteanalis Fang, Xu et Cui				
66	四川吻虾虎鱼	Ctenogobius szechuanensis（Liu）	○			
67	成都吻虾虎鱼	Ctenogobius chengtuensis（Chang）				
总计			37	30	34	25

注：▲表示2006年采集到样本；●表示2007年采集到样本；◆表示2008年采集到样本；▼表示2009年采集到样本；★表示2010年采集到样本；■表示2011年采集到样本；☆表示2012年采集到样本；◎表示2013年采集到样本；○表示2014年采集到样本；*表示2015年采集到样本；#表示2016年采集到样本。

金沙江下游江段共监测到特有鱼类 40 种，其中圆口铜鱼、长鳍吻鉤、长薄鳅和中华金沙鳅为金沙江下游江段特有鱼类的优势种，裸腹片唇鉤、短身鳅鮀、细鳞裂腹鱼和黄石爬鮡为偶见种，保护区主要特有鱼类出现频率见表 3-2。

3.3　长江上游特有鱼类分述

3.3.1　岩原鲤

分类地位　岩原鲤 [*Procypris rabaudi*（Tchang），1930]，隶属于鲤形目（Cypriniformes）鲤亚科（Cyprininae）原鲤属（*Procypris*），俗称岩鲤、黑鲤鱼、墨鲤、岩鲤鲃。

分布范围　分布于长江上游各支流，以嘉陵江和岷江居多，其次是长江干流。

生物学特征　岩原鲤在保护区各江段均监测到。2006—2016 年保护区江段采集到的岩原鲤平均体长分别为 246mm、242mm、163mm、168mm、165mm、174mm、164mm、150mm、108mm、95mm、205mm；平均体重分别为 465g、406g、115g、161g、163g、279g、148g、165g、111g、71g、216g（图 3-1）；年龄变幅（变化范围）为 1～6 龄，以 1～2 龄为主，雌雄比为 1.38∶1。岩原鲤主要被定置刺网、流刺网、百袋网及定置延绳饵钩等捕获。

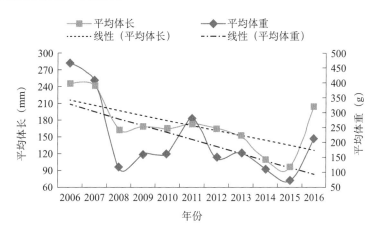

图 3-1　岩原鲤体长和体重年际变化（2006—2016 年）

3.3.2　张氏䱗

分类地位　张氏䱗（*Hemiculter tchangi* Fang，1942），隶属于鲤形目（Cypriniformes）鲤科（Cyprinidae）䱗属（*Hemiculter*）。

分布范围　分布广泛，多产于江河、湖泊和水库中，种群数量大。

生物学特征　张氏䱗主要在保护区赤水河及长江干流江津江段监测到，金沙江未监测到。2006—2016 年保护区江段采集到的张氏䱗平均体长分别为 141mm、162mm、154mm、150mm、122mm、126mm、136mm、116mm、132mm、118mm、107mm；

表3-2 保护区主要特有鱼类出现频率变化（2006—2016年）

种类	江段	出现频率（%）										
		2006年	2007年	2008年	2009年	2010年	2011年	2012年	2013年	2014年	2015年	2016年
岩原鲤	赤水河	25	37.25	18.07	8.93	30.78	41.79		3.57	1.98	2.4	11.37
	长江干流		12.12	6.52	14.52	9.8	13.18	10.78				
	金沙江					25	20	22.06	2.85	0.074	0.064	0.148
张氏䱻	赤水河	71.43	41.37	43.19	16.57	47.09	41.85	1.68	1.985	4.01	2.1	
	长江干流				6.82	3.03	25.86					
半䱻	赤水河	32.15	48.39	51.42	9.72	17.5	9.65					
	金沙江						1.72					
高体近红鲌	赤水河	58.33	57.38	52.18	7.74	47.33	43.11					
黑尾近红鲌	长江干流		29.12	73.08	38.1	64.86	57.89					
	金沙江						13.79				0.021	
圆口铜鱼	赤水河		5.26			10.81						
	长江干流	39.39	52.11	48.2	77.8	57.58	34.48	54.9	49.8	36.56	61.3	35.38
	金沙江		36.07	28.8	22.73	49.63	38.41	30.99	30.59	0.63	0.34	0.26
圆筒吻鮈	赤水河		5.26	5.26	4.76	2.7				0.037		0.018
长鳍吻鮈	赤水河			28.43	17.93	38.95	27.86	33.17	33.04	31.9	58.1	30.01
	长江干流		21.21	43.48	52.4	67.91	57.27	44.39	30	37.58	52.95	38.41
	金沙江	63.64	52.38	29.84	93.1	52.13	32.57	29.68	12.92	0.278	0.277	0.093

续表

出现频率（%）

种类	江段	2006年	2007年	2008年	2009年	2010年	2011年	2012年	2013年	2014年	2015年	2016年
长薄鳅	赤水河		4.23		5.36	7.8	7.14					
	长江干流		27.27	41.21	43.56	41.18	57.88	49.4	37.935	30.27	37.65	56.44
	金沙江	45.45	41.7	47.16	34.27	22.69	17.71	14.52	13.29	0.17	0.13	0.35
红唇薄鳅	赤水河		5.26									
	长江干流		27.27	24.5	17.26	63.73	46.49	49.02	40.295	37.58	30.45	28.64
异鳔鳅鮀	长江干流			40.16	9.85	37.61	47.48	50.89	35.325	39.65	46.70	44.85
	金沙江				67.3	17.32	30	23.53	4.285	0.20	0.11	0.22
中华金沙鳅	长江干流				34.6	35.56	29.28	10.44	9.12	13.84	27.92	20.30
	金沙江	66.67	54.7	27.25	89.66	25.19	18.62	27.55	20.65	0.35	0.36	0.46
前鳍高原鳅	金沙江				55.17	15.19	0.86			0.13	0.09	0.07
双斑副沙鳅	赤水河				3.28	8.01	13.72					
	金沙江				11.11	12.32	10.34					
西昌华吸鳅	赤水河				12.5	15	26.19			0.037		0.037
厚颌鲂	赤水河				17.86	25.68	23.18					
	长江干流				11.11	17.97	10.34					
短须裂腹鱼	金沙江				16	2.5	15	60.98	12.89	0.074	0.127	0.037
	赤水河					2.5	4.76	8.72	4.62		5.15	
短体副鳅	长江干流						1.72	26.47	32.42	0.093	0.107	0.167
	金沙江			38.28		29.26	27.5					

平均体重分别为40g、64g、46g、46g、62g、45g、43g、41g、31g、24g、16g（图3-2）；年龄变幅为1～5龄，以1～2龄为主，雌雄比为1.7∶1。张氏䱗主要被小钩及定置刺网等捕获。

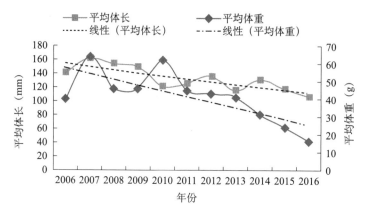

图 3-2　张氏䱗体长和体重年际变化（2006—2016 年）

3.3.3　半䱗

分类地位　半䱗（*Hemiculterella sauvagei* Warpachowski，1887），隶属于鲤形目（Cypriniformes）鲌亚科（Culterinae）半䱗属（*Hemiculterella*），俗称蓝片子、蓝刀皮。

分布范围　分布于长江干流、岷江、沱江、嘉陵江、大渡河及青衣江等水系。

生物学特征　半䱗仅在保护区赤水河江段和金沙江江段监测到，长江干流江段未监测到，2006—2016 年保护区江段采集到的半䱗平均体长分别为102mm、98mm、156mm、122mm、70mm、86mm、106mm、123mm、102mm、107mm、104mm；平均体重分别为17g、15g、18g、27g、19g、8g、16.5g、27g、15g、18g、16g（图3-3）；年龄变幅为1～5龄，以1～2龄为主，雌雄比为7.44∶1。半䱗主要被小钩、定置刺网及电捕等捕获。

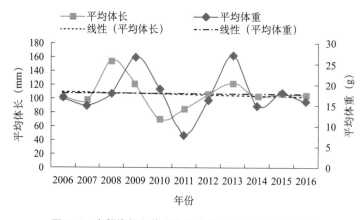

图 3-3　半䱗体长和体重年际变化（2006—2016 年）

3.3.4　高体近红鲌

分类地位　高体近红鲌［*Ancherythroculter kurematsui*（Kimura），1934］，隶属于鲤形目（Cypriniformes）鲌亚科（Culterinae）近红鲌属（*Ancherythroculter*），俗称高尖。

分布范围　分布于长江干流、岷江、沱江和嘉陵江、乌江、金沙江的中下游及其支流。

生物学特征　高体近红鲌仅在保护区赤水河江段监测到，其他江段未监测到。2006—2016年保护区江段采集到的高体近红鲌平均体长分别为121mm、114mm、91mm、97mm、90mm、128mm、137mm、131mm、110mm、130mm、137mm；平均体重分别为50g、30g、36g、43g、39g、32g、37g、36g、26g、35g、41g（图3-4）年龄变幅为1～6龄，以1～2龄为主，雌雄比为1.98∶1。高体近红鲌主要被小钩及定置刺网等捕获。

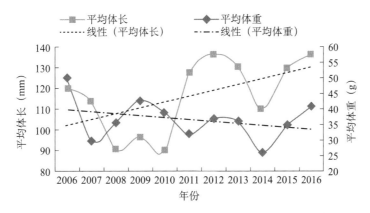

图 3-4　高体近红鲌体长和体重年际变化（2006—2016 年）

3.3.5　黑尾近红鲌

分类地位　黑尾近红鲌（*Ancherythroculter nigrocauda* Yih *et* Woo，1964），隶属于鲤形目（Cypriniformes）鲌亚科（Culterinae）近红鲌属（*Ancherythroculter*），俗称黑尾。

分布范围　分布于长江干流、嘉陵江、涪江、渠江、岷江、青衣江等水系，此外也见于长江中游。

生物学特征　黑尾近红鲌在保护区各江段均监测到，但主要在赤水河和长江干流江津江段出现。2006—2016年保护区江段采集到的黑尾近红鲌平均体长分别为124mm、121mm、121mm、118mm、102mm、127mm、127mm、113mm、90mm、149mm、103mm；平均体重分别为37g、32g、32g、27g、27g、41g、41.5g、39g、23g、72g、27g（图3-5）；年龄变幅为1～6龄，以2龄为主，雌雄比为0.71∶1，雌性个体少于雄性个体。黑尾近红鲌主要被小钩及定置刺网等捕获。

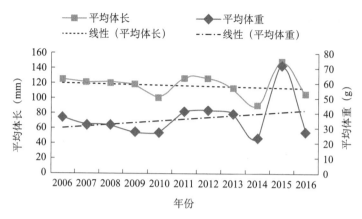

图 3-5　黑尾近红鲌体长和体重年际变化（2006—2016 年）

3.3.6　圆口铜鱼

分类地位　圆口铜鱼［*Coreius guichenoti*（Sauyage *et* Dabry），1874］，隶属于鲤形目（Cypriniformes）鉤亚科（Gobioninae）铜鱼属（*Coreius*）。

分布范围　分布于长江上游干流、嘉陵江中下游、沱江、岷江下游、金沙江下游、乌江下游等水系。

生物学特征　圆口铜鱼在保护区各江段均监测到，但 2010 年后保护区赤水河江段未收集到样本。2006—2016 年保护区江段采集到的圆口铜鱼平均体长分别为 229mm、207mm、202mm、194mm、168mm、175mm、173mm、202.5mm、197mm、191mm、199mm；平均体重分别为236g、263g、181g、180g、126g、87g、120g、187.5g、163g、166g、157g（图 3-6）；年龄变幅为 1～5 龄，以 1～3 龄为主，雌雄比为 1.4：1。圆口铜鱼主要被流刺网、小钩、定置刺网、排钩及百袋网等捕获。

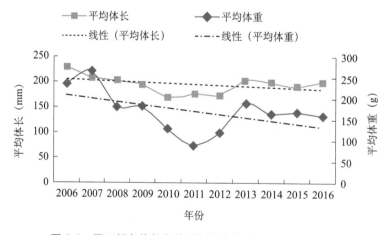

图 3-6　圆口铜鱼体长和体重年际变化（2006—2016 年）

3.3.7　圆筒吻鉤

分类地位　圆筒吻鉤（*Rhinogobio cylindricus* Günther，1888），隶属于鲤形目（Cypriniformes）鲤科（Cyprinidae）鉤亚科（Gobioninae）吻鉤属（*Rhinogobio*），俗称鳅子、黄鳅子和尖脑壳等。

分布范围　分布于长江干流、岷江、嘉陵江、沱江、乌江等水系。

生物学特征　圆筒吻鉤主要在保护区长江干流江段监测到，赤水河监测到的样本量较少，金沙江未监测到。2007—2016 年保护区江段采集到的圆筒吻鉤平均体长分别为 154mm、167mm、201mm、199mm、182mm、172mm、194mm、215mm、193mm、193m；平均体重分别为 54g、66g、129g、100g、87g、74g、88g、72g、97g、99g（图 3-7）；年龄变幅为 0 ～ 4 龄，以 1 ～ 2 龄为主，雌雄比为 1：1.26。圆筒吻鉤主要被流刺网、小钩、定置刺网、排钩及百袋网等捕获。

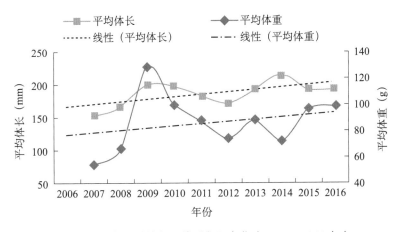

图 3-7　圆筒吻鉤体长和体重年际变化（2007—2016 年）

3.3.8　长鳍吻鉤

分类地位　长鳍吻鉤（*Rhinogobio ventralis* Sauvage *et* Dabry，1874），隶属于鲤形目（Cypriniformes）鲤科（Cyprinidae）鉤亚科（Gobioninae）吻鉤属（*Rhinogobio*），俗称土哈儿、洋鱼、耗子鱼和土耗儿等。

分布范围　分布于长江干流、岷江、沱江、嘉陵江、大渡河、金沙江等水系。

生物学特征　长鳍吻鉤在保护区各江段均监测到，但 2010 年后赤水河江段未收集到样本。2006—2016 年保护区江段采集到的长鳍吻鉤平均体长分别为 153mm、150mm、129mm、140mm、153mm、150mm、155mm、157mm、172mm、180mm、179mm；平均体重分别为 64g、61g、49g、54g、54g、66g、68g、58g、75g、119g、96g（图 3-8）；年龄变幅为 0 ～ 5 龄，以 0 ～ 2 龄个体为主，雌雄比为 1:1.3。长鳍吻鉤主要被流刺网、小钩、定置刺网、排钩及百袋网等捕获。

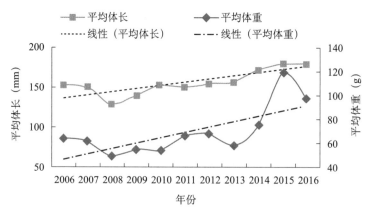

图 3-8　长鳍吻鮈体长和体重年际变化（2006—2016 年）

3.3.9　长薄鳅

分类地位　长薄鳅 [*Leptobotia elongata*（Bleeker），1870]，隶属于鲤形目（Cypriniformes）鳅科（Cobitidae）沙鳅亚科（Botiinae）薄鳅属（*Leptobotia*），俗称花鳅、花鱼、火军等。

分布范围　分布于长江干流和金沙江下游、岷江、嘉陵江、沱江、渠江和涪江等水系中下游，长江中下游也有分布。

生物学特征　长薄鳅在保护区各江段均监测到。2006—2016 年保护区江段采集到的长薄鳅平均体长分别为 216mm、188mm、176mm、163mm、179mm、188mm、196mm、176mm、212mm、192mm、170mm；平均体重分别为 131g、119g、87g、66g、102g、117g、126g、101g、193g、106g、89g（图 3-9）；年龄变幅为 1～8 龄，以 4 龄以下个体为主，占 80% 以上，雌雄比为 1∶1.33。长薄鳅主要被流刺网、小钩、定置刺网、排钩及百袋网等捕获。

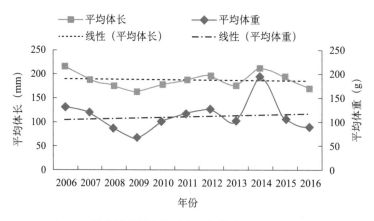

图 3-9　长薄鳅体长和体重年际变化（2006—2016 年）

3.3.10 红唇薄鳅

分类地位 红唇薄鳅［*Leptobotia rubrilabris*（Dabry *de* Thiersant），1872］，隶属于鲤形目（Cypriniformes）鳅科（Cobitidae）沙鳅亚科（Botiinae）薄鳅属（*Leptobotia*），俗称红龙丁、红玄鱼子、花鳅、花鱼等。

分布范围 分布于长江、岷江、嘉陵江、沱江、青衣江、大渡河中下游。

生物学特征 红唇薄鳅仅在保护区长江干流江段及其支流监测到，其他江段未监测到。2007—2016 年保护区江段采集到的红唇薄鳅平均体长分别为 147mm、140mm、124mm、133mm、109mm、106mm、99mm、114mm、107mm、108m；平均体重分别为 60g、52g、26g、43g、18g、18g、17g、19g、21g、20g（图 3-10）。红唇薄鳅雌雄比为 1∶1.27，主要被小钩及百袋网等捕获。

图 3-10 红唇薄鳅体长和体重年际变化（2007—2016 年）

3.3.11 异鳔鳅鲩

分类地位 异鳔鳅鲩［*Xenophysogobio nudicorpa*（Tchang），1986］，隶属于鲤形目（Cypriniformes）鲤科（Cyprinidae）鳅鲩亚科（Gobiobotinae）异鳔鳅鲩属（*Xenophysogobio*），俗称燕尾条和叉胡子等。

分布范围 分布于长江干流、嘉陵江、岷江、大渡河、乌江中下游、大宁河、青衣江、金沙江等水系。

生物学特征 异鳔鳅鲩在保护区各江段均监测到，但赤水河江段样本量极少。2007—2016 年保护区江段采集到的异鳔鳅鲩平均体长分别为 93mm、80mm、69mm、81mm、78mm、79mm、78mm、85mm、88mm、86mm；平均体重分别为 13g、9g、11g、11g、9g、8g、8g、10g、10g、12g（图 3-11）；异鳔鳅鲩雌雄比为 1∶1.01，主要被小钩及百袋网等捕获，渔获物由 1～4 龄 4 个年龄组组成，以 1 龄个体为主。

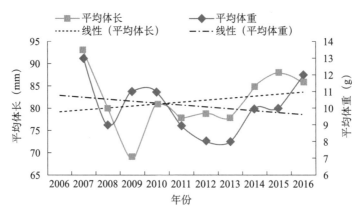

图 3-11　异鳔鳅鮀体长和体重年际变化（2007—2016 年）

3.3.12　短须裂腹鱼

分类地位　短须裂腹鱼［*Schizothorax wangchiachii*（Fang），1936］，隶属于鲤形目（Cypriniformes）裂腹鱼亚科（Schizothoracinae）裂腹鱼属（*Schizothorax*）裂腹鱼亚属（*Schizothorax*），俗称缅鱼、沙肚。

分布范围　分布于金沙江、大渡河中下游和乌江。

生物学特征　短须裂腹鱼主要在保护区金沙江江段监测到，赤水河监测到的样本量较少，长江干流未监测到。2007—2016 年保护区江段采集到的短须裂腹鱼平均体长分别为 51mm、150mm、160mm、202mm、222mm、153mm、153mm、159mm、165mm、202mm；平均体重分别为 2g、124g、65g、151g、186g、118g、62g、103g、80g、149g（图 3-12）；年龄变幅为 1 ～ 4 龄，以 1 龄为主。短须裂腹鱼主要被定置刺网、流刺网、小钩及电捕等捕获。

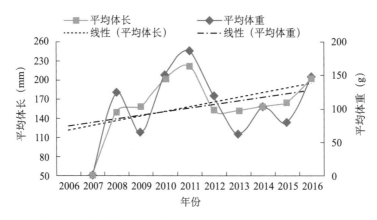

图 3-12　短须裂腹鱼体长和体重年际变化（2007—2016 年）

3.3.13　中华金沙鳅

分类地位　中华金沙鳅［*Jinshaia sinensis*（Sauvage et Dabry），1874］，隶属于鲤形目（Cypriniformes）平鳍鳅科（homalopteridae）平鳍鳅亚科（homalopterinae）

金沙鳅属（*Jinshaia*）。

分布范围　主要分布于长江上游干流。

生物学特征　中华金沙鳅在保护区各江段均监测到，但 2010 年后赤水河未采集到样本。2006—2016 年保护区江段采集到的中华金沙鳅平均体长分别为 85mm、80mm、88mm、104mm、97mm、84mm、74mm、85mm、86mm、82mm、88mm；平均体重分别为 11g、8g、9g、12g、13g、9g、7g、8g、8g、8g、10g（图 3-13）。中华金沙鳅主要被定置刺网、流刺网、百袋网、电捕、地笼及定置延绳饵钩等捕获。

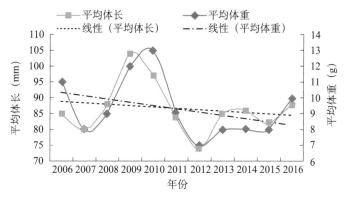

图 3-13　中华金沙鳅体长和体重年际变化（2006—2016 年）

3.3.14　前鳍高原鳅

分类地位　前鳍高原鳅［*Triplophysa anterodorsalis*（Zhu *et* Cao），1989］，隶属于鲤形目（Cypriniformes）鳅科（Cobitidae）条鳅亚科（Noemacheilinae）高原鳅属（*Triplophysa*）。

分布范围　分布于金沙江水系。

生物学特征　前鳍高原鳅仅在保护区金沙江江段监测到，其他江段未监测到。2007—2016 年，2007 年和 2011 年没有监测数据，其余年份保护区江段采集到的前鳍高原鳅平均体长分别为 64mm、71mm、53mm、64mm、65mm、59mm、58mm、66mm；平均体重分别为 4g、6g、3g、4g、4g、4g、4g、5g（图 3-14）。前鳍高原鳅主要被电捕及地笼等捕获。

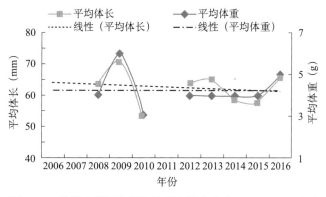

图 3-14　前鳍高原鳅体长和体重年际变化（2007—2016 年）

3.3.15 短体副鳅

分类地位 短体副鳅[*Paracobitis potanini*（Günther），1896]，隶属于鲤形目（Cypriniformes）鳅科（Cobitidae）条鳅亚科（Noemacheilinae）副鳅属（*Paracobitis*），俗称钢鳅。

分布范围 分布于盆地内及盆周山区各干、支流中。

生物学特征 短体副鳅在保护区各江段均监测到，但数量少。2007—2016年保护区江段采集到的短体副鳅平均体长分别为71mm、64mm、69mm、58mm、70mm、72mm、72mm、70mm、71mm、65mm；平均体重分别为7g、4g、6g、3g、4g、5g、4.5g、7g、5g、4g（图3-15）。短体副鳅主要被电捕、地笼及定置延绳饵钩等捕获。

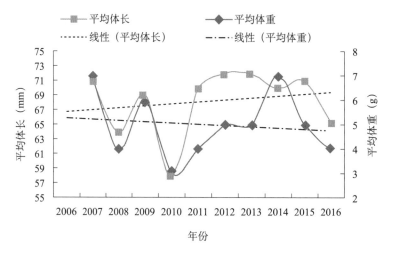

图 3-15 短体副鳅体长和体重年际变化（2007—2016 年）

3.3.16 双斑副沙鳅

分类地位 双斑副沙鳅（*Parabotia bimaculata* Chen，1980），隶属于鲤形目（Cypriniformes）鳅科（Cobitidae）沙鳅亚科（Botiinae）副沙鳅属（*Parabotia*），俗称黄沙鳅。

分布范围 分布于长江干流、嘉陵江、渠江。

生物学特征 双斑副沙鳅在保护区金沙江及赤水河江段监测到，长江干流未监测到。2007—2016年保护区江段采集到的双斑副沙鳅平均体长分别为134mm、131mm、130mm、89mm、126mm、126mm、102mm、91mm、125mm、110mm；平均体重分别为31g、22g、32g、10g、27g、27g、15g、12g、29g、16g（图3-16）。双斑副沙鳅主要被电捕、地笼及定置刺网等捕获。

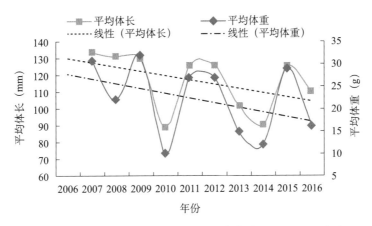

图 3-16　双斑副沙鳅体长和体重年际变化（2007—2016 年）

3.3.17　西昌华吸鳅

分类地位　西昌华吸鳅（*Sinogastromyzon sichangensis* Chang，1944），隶属于鲤形目（Cypriniformes）平鳍鳅科（Balitoridae）平鳍鳅亚科（Homalopterinae）华吸鳅属（*Sinogastromyzon*）。

分布范围　分布于长江干流金沙江及其支流、雅砻江、岷江、大渡河、青衣江、嘉陵江和乌江水系。

生物学特征　西昌华吸鳅在保护区赤水河江段监测到，其他江段未监测到。2008—2016 年保护区江段采集到的西昌华吸鳅平均体长分别为 42mm、47mm、46mm、46mm、46mm、44mm、43mm、50mm、49mm；平均体重分别为 2g、4g、3g、3g、3g、3g、2g、3g、3g（图 3-17）。西昌华吸鳅主要被电捕等捕获。

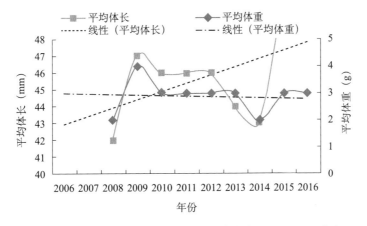

图 3-17　西昌华吸鳅体长和体重年际变化（2008—2016 年）

3.3.18　厚颌鲂

分类地位　厚颌鲂 [*Megalobrama pellegrini*（Tchang），1930]，隶属于鲤形目（Cypriniformes）鲤科（Cyprinidae）鲌亚科（Culterinae）鲂属（*Megalobrama*），俗称

三角鲂、三角鳊。

分布范围　分布于长江干流、嘉陵江、岷江、沱江、金沙江、渠江、涪江和青衣江。

生物学特征　厚颌鲂主要在保护区赤水河及长江干流江段监测到，金沙江江段未监测到。2006—2016 年保护区江段采集到的厚颌鲂平均体长分别为 152mm、219m、187mm、100mm、103mm、206mm、153mm、87mm、212mm、255mm、193mm；平均体重分别为 80g、464g、84g、25g、25g、373g、116g、19g、225g、404g、350g（图 3-18）。厚颌鲂主要被定置刺网、流刺网及地笼等捕获。

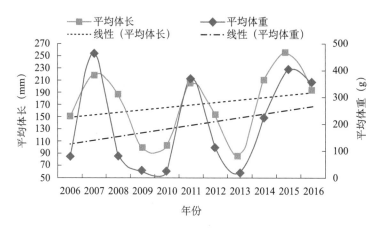

图 3-18　厚颌鲂体长和体重年际变化（2006—2016 年）

3.4　资源变化

　　长江上游保护区内人类活动频繁，生境条件处于持续变化过程中，尤其是金沙江一期工程截流、蓄水的影响，导致工程区及坝下保护区江段生境发生了变化。随着生境条件的改变，鱼类资源也随之发生适应性变化，这种变化被一定程度上反映在监测过程中。

　　单位捕捞努力量渔获量（CPUE）是反映鱼类资源变化的一个重要指标。2006—2016 年保护区主要特有鱼类平均 CPUE 最大的为圆口铜鱼，其次为张氏䱛。在保护区监测的 11 年中，岩原鲤、短须裂腹鱼平均 CPUE 有小幅下降，半䱗、前鳍高原鳅、双斑副沙鳅、西昌华吸鳅、圆筒吻鉤等 CPUE 有明显下降，圆口铜鱼自 2008 年后平均 CPUE 也下降明显，保护区其他特有鱼类平均 CPUE 在不同年份监测中有一定的波动但基本保持平稳，保护区主要特有鱼类 CPUE 年际变化见表 3-3。

　　目标鱼类在渔获物中的优势度指数也是反映鱼类资源变化的另一个重要指标，如重量百分比指数。2006—2016 年保护区主要特有鱼类在渔获物中的重量百分比最大的为圆口铜鱼，其次为张氏䱛。在保护区监测的 11 年中，重量百分比呈下降趋势的有张氏䱛、黑尾近红鲌、宽口光唇鱼、短体副鳅、短须裂腹鱼，重量百分比呈先升后降趋势的有高体近红鲌、圆口铜鱼、圆筒吻鉤、红唇薄鳅、异鳔鳅鮀和中华金沙鳅，重量百分比呈先降后升趋势的有长鳍吻鉤，保护区其他特有鱼类重量百分比在不同年份监测中有一定的波动但基本保持平稳，保护区主要特有鱼类的重量百分比年际变化见表 3-4。

表 3-3　保护区主要特有鱼类 CPUE 年际变化（2006—2016 年）

种类	江段	CPUE 年际变化 [g/（船·d）]										
		2006 年	2007 年	2008 年	2009 年	2010 年	2011 年	2012 年	2013 年	2014 年	2015 年	2016 年
岩原鲤	赤水河	98.46			219	67.45	178.28					
	长江干流		119.35	23.5	174.25	57.3	29.38	90.78	21.39			
	金沙江					4.27	2.76	12.7	36.27	4.30	3.99	27.67
张氏䱗	赤水河	106.51	342.42	510.2		121	658.93					
	长江干流						56.77					
半䱗	赤水河	18.31	54.24	52.98	46.48	7.15	7.42					
高体近红鲌	赤水河	85.9	44.83	43.02		51.2	47.16					
黑尾近红鲌	赤水河	39.37	47.13	31.3	38.86	62.9	33.89					
宽口光唇鱼	赤水河	34.86	5.68	11.15			15					
	赤水河	52.15				5.6						
圆口铜鱼	长江干流		413.53	1 083.08	9 47.78	331.5	356.03	215.5	139.15	68.65		
	金沙江	397.98	273.63	86.85	255.05	323.6	213.5	169.85	205.18	1 887.83	580.81	546.98
圆筒吻鮈	赤水河					3.6						
	长江干流		88.85	217.6	319.2	155.35	265.14	107.31	49.4	41.25		
	金沙江									3.79	0.00	2.42
长鳍吻鮈	长江干流		111.77	150.5	225	141.33	514.01	59	33.3	35.10		
	金沙江	282.06	38.5	72.51	80.6	51.34	181.75	78.22	46.78	188.21	73.66	15.64

续表

种类	江段	CPUE年际变化 [g/(船·d)]										
		2006年	2007年	2008年	2009年	2010年	2011年	2012年	2013年	2014年	2015年	2016年
长薄鳅	赤水河					9.8						
长薄鳅	长江干流	49.51	392.2	139.2	69.5	145.9	409.1	228.17	194.88	182.11		
长薄鳅	金沙江	41.37	142.53	16.5	64.06	35.5	19.8	27.92	25.95	59.99	112.74	134.50
短身鳅鮀	长江干流			123.6								
红唇薄鳅	长江干流		258.05	164.5	287.15	238.9	72.55	38.34	27.93	26.74		
红唇薄鳅	金沙江									69.27	74.99	11.93
异鳔鳅鮀	长江干流		9.1	33.6	71.5	8.38	67.22	12.73	9.9	9.02		
异鳔鳅鮀	金沙江			49.34		0.58		5.32	13.88	15.03	5.82	43.34
齐口裂腹鱼	金沙江				678.5				240.18	150.94	516.29	409.61
短体副鳅	金沙江			44.34	1.75	1.52	1.2	13.25	19.51	63.31	48.13	22.62
中华金沙鳅	长江干流				24.98	11.38	24.88	4.32	1.84	2.00		
中华金沙鳅	金沙江	115.44		17.5	62.4	10.37	18.435	18.08	23.53	46.14	19.74	53.64
前鳍高原鳅	金沙江			27.19	28.5	3.23	0.12			24.05	1.64	15.43
双斑副沙鳅	赤水河				836.4	2.3	8.5					
双斑副沙鳅	金沙江			2.4		3.79						
西昌华吸鳅	赤水河	0.33			94.9	5.06	4.88					
厚颌鲂	赤水河	33.54			170.1	34.97	83.94					
短须裂腹鱼	金沙江	172.48		340.28	47.81	53.65	27.39	154.2	16.88	79.72	57.65	8.26

表 3-4　保护区主要特有鱼类重量百分比年际变化（2006—2016 年）

特有鱼类重量百分比年际变化（%）

种类	江段	2006 年	2007 年	2008 年	2009 年	2010 年	2011 年	2012 年	2013 年	2014 年	2015 年	2016 年
岩原鲤	赤水河	3.6	2.34	2.84	11	0.65	0.81	2.34	0.34	0.19		1.5
	长江干流					0.01						
	金沙江	23.19		0.01	1.1	0.3	0.26	0.77	1.6	0.10	0.10	0.66
张氏鳌	赤水河	4.73	31.65		14.98	2	2.91	2.21	0.66		1.44	1.97
	长江干流						0.53	0.23	0.08			
半鳘	赤水河	0.29				0.2	0.31					
高体近红鲌	赤水河	0.81	1.29	1.695	11.04	1.11	1.24					
黑尾近红鲌	赤水河	1.19				0.26	0.48					
宽口光唇鱼	赤水河	1.26		22.86			0.43					
圆口铜鱼	长江干流	22.61	14.95	11.6	8.64	10.15	5.16	5.57	5.09	3.61	8.96	2.54
	金沙江	20.48	14.39	29.1	48.07	20.6	16.44	10.36	22.86	43.38	14.74	13.05
圆筒吻鉤	赤水河		1.81		6.23	3.93	2.5	2.85	3.75		7.00	
长鳍吻鉤	长江干流		1.26	10.24	2.74	7.52	6.27	4.88	5.64	9.23	7.98	3.05
	金沙江	17.68	10.05	1.64	10.79	3.54	14.92	0.52	1.08	4.33	1.87	0.37
长薄鳅	赤水河	1.58									2.65	
	长江干流		5.25	4.71	1.83	4.74	4.67	5.32	5.31		2.22	
	金沙江	2.59	3.39	3.32	3.7	2.43	0.83	2.31	2.3	1.38	2.86	3.21

续表

特有鱼类重量百分比年际变化（%）

种类	江段	2006年	2007年	2008年	2009年	2010年	2011年	2012年	2013年	2014年	2015年	2016年
短身鳅鮀	长江干流											
红唇薄鳅	长江干流		0.35	3.09	3.63	3.11	0.77	0.99	0.67			
	金沙江									1.59	1.90	0.28
异鳔鳅鮀	长江干流		0.44	0.45	1.01	0.11	0.84	0.33	0.85			
	金沙江			2.08		0.12		0.32	0.57	0.35	0.15	1.03
齐口裂腹鱼	金沙江								13.61	3.47	13.10	9.77
短体副鳅	金沙江			2.24	0.12	0.09	0.09	0.81	1.5	1.45	1.22	0.54
中华金沙鳅	长江干流			0.33	3.75	0.67	0.29	0.11	0.97			
	金沙江	3.47		0.33	3.75	0.67	1.125	1.1	2.61	1.06	0.50	1.28
前鳍高原鳅	金沙江			0.73	1.05	0.23	0.02	1.61	1.61	0.55	0.04	0.37
双斑副沙鳅	赤水河											
	金沙江			0.19		0.27						
西昌华吸鳅	赤水河	0.47										
厚颌鲂	赤水河	1.03										3.61
短须裂腹鱼	金沙江			14.34	3.15	3.67	2.03	12.78	1.06	1.83	1.46	0.20

3.5　资源现状分析

2006—2016 年保护区采集到特有鱼类种类分别为 22 种、34 种、28 种、33 种、33 种、33 种、40 种、37 种、38 种、36 种和 38 种，特有鱼类种类总体保持稳定，近年来有所上升，主要与监测范围扩大、保护力度增大有关。

2006—2016 年保护区赤水河江段共监测到特有鱼类 37 种，其中张氏䱻、半䱻、高体近红鲌和黑尾近红鲌为赤水河特有鱼类的优势种，汪氏近红鲌、短须裂腹鱼、细鳞裂腹鱼、中华金沙鳅、异鳔鳅鮀、四川云南鳅、峨眉鳍、嘉陵颌须鮈和鲈鲤为偶见种。长江干流江段共监测到特有鱼类 30 种，其中圆口铜鱼、长鳍吻鮈、长薄鳅、圆筒吻鮈、红唇薄鳅和异鳔鳅鮀为长江干流江段特有鱼类的优势种，短身鳅鮀、四川白甲鱼、峨眉鳍、四川华鳊、黑尾近红鲌、厚颌鲂和小眼薄鳅为偶见种。金沙江下游江段共监测到特有鱼类 38 种，其中圆口铜鱼、长鳍吻鮈、长薄鳅和中华金沙鳅为金沙江下游江段特有鱼类的优势种，裸腹片唇鮈、短身鳅鮀、细鳞裂腹鱼和黄石爬鮡为偶见种。

鱼类分布范围变化可以直观显示区域内生境条件的改变，某些生境条件改变可能导致部分鱼类的适宜生境缩小或消失。保护区监测期间，长江上游特有鱼类分布就发生了较大的变化，有些鱼类从一些水域中消失了，如长鳍吻鮈、圆筒吻鮈、异鳔鳅鮀和中华金沙鳅在赤水河中已少见样本，小眼薄鳅在金沙江下游及赤水河均未采集到样本，其他如宽口光唇鱼已只能在赤水河采集到少量样本，另外一些鱼类历史主要分布区域已很难见其个体。种类的变化反映出有些特有鱼类在保护区内数量较少或消失，如云南鲴、方氏鲴和西昌白鱼仅在某一年被监测到，有 18 种特有鱼类在整个监测中没有发现，这些鱼类部分历史分布区域已丧失适宜目标鱼类生存的生态环境，现在的生存环境急需保护。

目标鱼类鱼体规格变化可反映鱼类群体组成结构变化，也可显示捕捞网具选择性影响。保护区监测期间平均体长和体重呈现下降趋势的有岩原鲤、张氏䱻、半䱻、圆口铜鱼、红唇薄鳅、厚颌鲂等 6 种，这些种类的生境范围均有一定的局限性，或经济价值较高。平均体长和体重变化基本平稳的包括高体近红鲌、圆筒吻鮈、黑尾近红鲌、长薄鳅、长鳍吻鮈、异鳔鳅鮀、中华金沙鳅、西昌华吸鳅、短须裂腹鱼、前鳍高原鳅、双斑副沙鳅、短体副鳅等 12 种，这些种类的生境适应范围较广或当前适宜生境条件还未发生改变。

第4章
重要经济鱼类

4.1 生物学特征

4.1.1 铜鱼

分类地位　铜鱼［*Coreius heterokon*（Bleeker），1865］，隶属于鲤形目（Cypriniformes）鲤科（Cyprinidae）鮈亚科（Gobioninae）铜鱼属（*Coreius*），俗称金鳅子。

分布特征　分布于金沙江下游、长江上游干流、岷江、赤水河、嘉陵江、长江中游、汉江、洞庭湖、鄱阳湖等水域。

研究概况　铜鱼作为长江中上游重要经济鱼类，曾是重点捕捞对象，历史上单年捕捞量近千吨，近年来资源量持续下降。相关研究者对其生物学、遗传结构、养殖等方面开展了详细研究，基本已涵盖了铜鱼相关研究的方方面面。

渔获结构　2010—2018 年在长江上游开展了铜鱼资源长期监测，铜鱼在长江上游干流渔获物中出现频率在 56.15%～100% 之间，平均 75.43%；在渔获物中的重量百分比在 3.81%～19.28% 之间，平均 12.16%，铜鱼在长江上游干流渔获物中占有重要比例。调查到的个体平均体长 251.27mm（23～420mm），主要分布在 210～300mm 之间（图 4-1）；平均体重 240.42g（19～1 100g），主要分布在 100～300g 之间（图 4-2）。

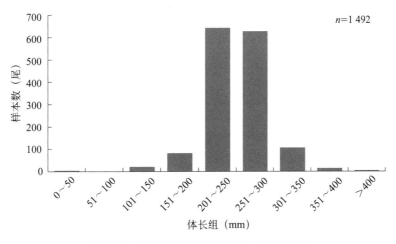

图 4-1　铜鱼体长组成（2010—2018 年）

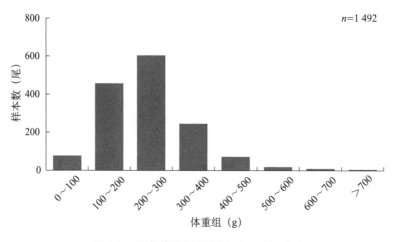

图 4-2 铜鱼体重组成（2010—2018 年）

4.1.2 草鱼

分类地位 草鱼［*Ctenopharyngodon idella*（Cuvier *et* Valenciennes），1844］，隶属于鲤形目（Cypriniformes）鲤科（Cyprinidae）雅罗鱼亚科（Leuciscinae）草鱼属（*Ctenopharyngodon*），俗称皖鱼、鲩、白油鲩、草鲩、白鲩等。

分布特征 广泛分布于长江上、中、下游干支流及附属湖泊。

研究概况 草鱼自 20 世纪 50 年代全人工繁殖成功以来，相关科研机构对其生物学、种群动态、遗传结构等开展了大量研究，摸清了其详细信息，开发了多个新品种，养殖产量占我国淡水水产养殖品种的近 10%。

渔获结构 2010—2018 年在长江上游（不含三峡库区）开展了草鱼资源调查，长江上游干流渔获物中出现频率在 35.20% ～ 64.25% 之间，平均 39.45%；在渔获物中的重量百分比在 2.52% ～ 11.09% 之间，平均 6.74%。调查到的个体平均体长 135.99mm（13 ～ 587mm），主要分布在 0 ～ 200mm 之间（图 4-3）；平均体重 124.01g（1 ～ 3 900g），主要分布在 0 ～ 500g 之间（图 4-4）。

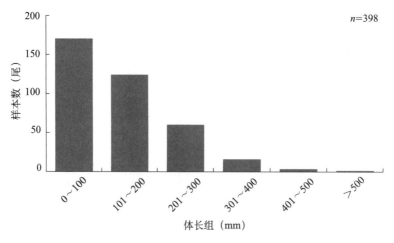

图 4-3 草鱼体长组成（2010—2018 年）

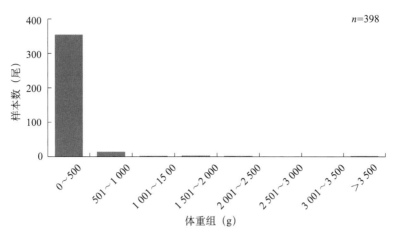

图 4-4　草鱼体重组成（2010—2018 年）

4.1.3　鲢

分类地位　鲢 [*Hypophthalmichthys molitrix*（Valenciennes），1844]，隶属于鲤形目（Cypriniformes）鲤科（Cyprinidae）鲢亚科（Hypophthalmichthyinae）鲢属（*Hypophthalmichthys*），俗称白鲢、鲢子、鲢鱼等。

分布特征　广泛分布于长江上、中、下游干支流及附属湖泊。

研究概况　鲢自 20 世纪 50 年代全人工繁殖成功以来，相关科研机构对其生物学、种群动态、遗传结构等开展了大量研究，摸清了其详细信息，开发了多个新品种，养殖产量占我国淡水水产养殖品种的近 20%。

渔获结构　2010—2018 年在长江上游（不含三峡库区）开展了鲢资源调查，长江上游干流渔获物中出现频率在 39.51% ～ 70.15% 之间，平均 40.62%；在渔获物中的重量百分比在 3.02% ～ 14.16% 之间，平均 7.09%。调查到的个体平均体长 105.11mm（25 ～ 730mm），主要分布在 0 ～ 200mm 之间（图 4-5）；平均体重 78.70g（0.4 ～ 3 250g），主要分布在 0 ～ 150g 之间（图 4-6）。

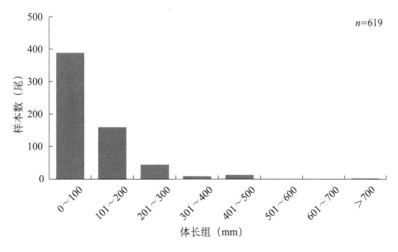

图 4-5　鲢体长组成（2010—2018 年）

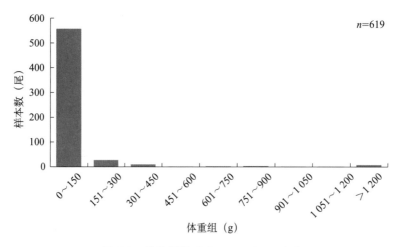

图 4-6　鲢体重组成（2010—2018 年）

4.1.4　长吻鮠

分类地位　长吻鮠［*Leiocassis longirostris*（Günther），1864］，隶属于鲇形目（Siluriformes）鲿科（Bagridae）鮠属（*Leiocassis*），俗称鮰鱼、江团、肥沱、肥王鱼、淮王鱼等。

分布特征　广泛分布于长江上、中、下游及附属湖泊。

研究概况　长吻鮠是长江重要经济鱼类，2007 年列入《中国国家重点保护经济水生动植物资源名录（第一批）》，也列入了《世界自然保护联盟濒危物种红色名录》。对其相关研究已十分丰富，主要集中在生物学、养殖生产等方面，人工养殖技术成熟，养殖规模较大。

渔获结构　2010—2018 年在长江上游（不含三峡库区）开展了长吻鮠资源调查，长江上游干流渔获物中出现频率在 19.45% ～ 50.01% 之间，平均 24.87%；在渔获物中的重量百分比在 0.19% ～ 4.58% 之间，平均 2.16%。调查到的个体平均体长 159.14mm（44 ～ 542mm），主要分布在 0 ～ 300mm 之间（图 4-7）；平均体重 78.70g（1.38 ～ 2 022g），主要分布在 0 ～ 200g 之间（图 4-8）。

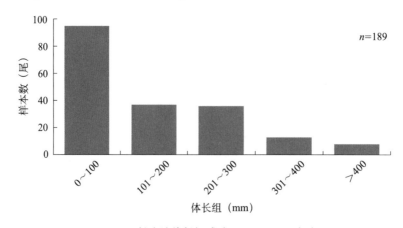

图 4-7　长吻鮠体长组成（2010—2018 年）

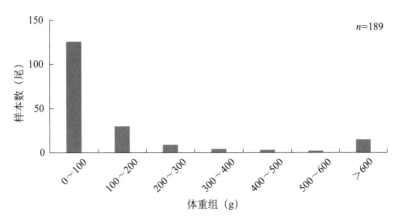

图 4-8　长吻鮠体重组成（2010—2018 年）

4.1.5　瓦氏黄颡鱼

分类地位　瓦氏黄颡鱼 [*Pelteobagrus vachelli*（Richardson），1846]，隶属于鲇形目（Siluriformes）鲿科（Bagridae）黄颡鱼属（*Pelteobagrus*），俗称江黄颡、硬角黄腊丁、郎丝江颡、嘎呀子等。

分布特征　广泛分布于长江上、中、下游及附属湖泊。

研究概况　瓦氏黄颡鱼是长江重要经济鱼类，个体较大，渔业价值较高。其被列入《世界自然保护联盟濒危物种红色名录》，人工繁殖已实现规模化，养殖规模较大。相关研究已基本摸清了其资源分布、生物学特征、遗传结构等相关信息，相关研究已满足对其种群资源的保护需求。

渔获结构　2010—2018 年在长江上游（不含三峡库区）开展了瓦氏黄颡鱼资源调查，长江上游干流渔获物中出现频率在 73.50% ～ 100% 之间，平均 85.42%；在渔获物中的重量百分比在 2.25% ～ 23.53% 之间，平均 9.02%。调查到的个体平均体长 131.07mm（12 ～ 345mm），主要分布在 100 ～ 150mm 之间（图 4-9）；平均体重44.71g（0.6 ～ 499.5g），主要分布在 0 ～ 50g 之间（图 4-10）。

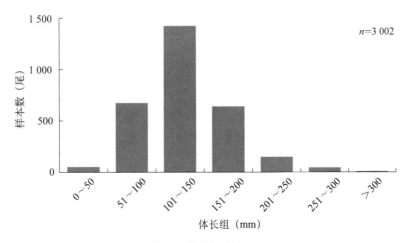

图 4-9　瓦氏黄颡鱼体长组成（2010—2018 年）

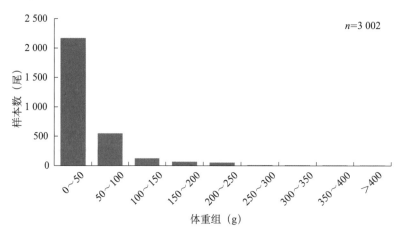

图 4-10　瓦氏黄颡鱼体重组成（2010—2018 年）

4.2　资源变化

　　渔获种类变化是反映一个江段物种丰富度的首要指标。2006—2016 年保护区长江干流宜宾至泸州段渔获种类数量的波动范围为 37～77 种，江津至巴南段渔获种类数量的波动范围为 31～89 种，金沙江下游永善至水富段渔获种类数量的波动范围为 12～79 种，攀枝花至巧家段渔获种类数量的波动范围为 32～53 种，赤水河渔获种类数量的波动范围为 35～102 种（图 4-11）。单位捕捞努力量渔获量（CPUE）变化是反映一个江段资源量水平的重要指标。2006—2016 年长江干流宜宾至泸州段平均 CPUE 为 4.79kg/（船·d），波动范围为 2.42～9.50kg/（船·d）；江津至巴南段平均 CPUE 为 5.71kg/（船·d），波动范围为 2.47～8.79kg/（船·d）；金沙江下游永善至水富段平均 CPUE 为 1.87kg/（船·d），波动范围为 1.35～2.91kg/（船·d）；攀枝花至巧家段平均 CPUE 为 2.28kg/（船·d），波动范围为 1.21～5.99kg/（船·d）；赤水河平均 CPUE 为 4.06kg/（船·d），波动范围为 2.14～6.34kg/（船·d）（图 4-12）。

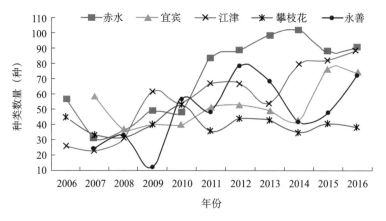

图 4-11　保护区及相关水域各江段渔获种类数量（2006—2016 年）

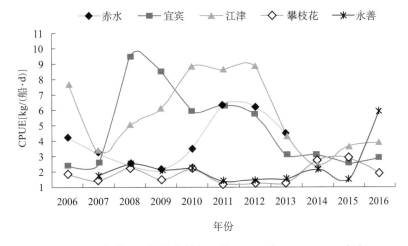

图 4-12　保护区及相关水域各江段 CPUE（2006—2016 年）

4.3　资源现状分析

按各种鱼类在渔获物中的出现频率、重量百分比等计算得出 2006—2016 年保护区江段重要经济鱼类依次为圆口铜鱼、瓦氏黄颡鱼、鲤、鲇、蛇鮈、长鳍吻鮈、长吻鮠、长薄鳅等，不同监测江段主要经济鱼类组成相差较大，赤水河主要经济鱼类为中华倒刺鲃、瓦氏黄颡鱼、蛇鮈、切尾拟鲿、大鳍鳠等，占渔获物总重的 39.7%；金沙江下游攀枝花至水富江段主要经济鱼类为圆口铜鱼、长鳍吻鮈、鲤、鲇、蛇鮈、长薄鳅、短须裂腹鱼等，占渔获物总重的 54.04%；长江干流宜宾至江津江段主要经济鱼类为铜鱼、圆口铜鱼、瓦氏黄颡鱼、长鳍吻鮈、长薄鳅、圆筒吻鮈、鲇、鲤等，占渔获物总重的 58.98%。

赤水河江段中华倒刺鲃在主要经济鱼类中为绝对优势种，在保护区监测期间其渔获比重在 2008 年有较大上升，而在 2010 年和 2013 年下降较大，在 2015 年又有较大上升，其他年份较为平稳；切尾拟鲿 2009 年出现一个高峰；瓦氏黄颡鱼、大鳍鳠总体处于波动状态，蛇鮈等其他主要经济鱼类渔获比重基本保持平稳（图 4-13）。

长江干流江段铜鱼、圆口铜鱼、瓦氏黄颡鱼在主要经济鱼类中为明显优势种，渔获比重远高于其他主要经济鱼类，铜鱼、圆口铜鱼、长薄鳅、圆筒吻鮈和鲤渔获比重在监测期间总体变化趋势较为平稳，长鳍吻鮈波动较大，瓦氏黄颡鱼和鲇分别在 2009 年和 2011 年出现一个较大的上升（图 4-14）。

金沙江下游江段圆口铜鱼为绝对优势种，渔获比重有所波动，总体维持在 15% 左右，其他主要经济鱼类如鲤、鲇也出现波动的情况；蛇鮈在监测中渔获比重小；长鳍吻鮈渔获比重波动较大；鲤在监测期间渔获比重总体呈上升趋势；长薄鳅和短须裂腹鱼渔获比重下降较为明显（图 4-15）。

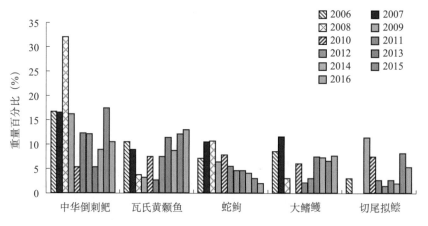

图 4-13　赤水河主要经济鱼类重量百分比（2006—2016 年）

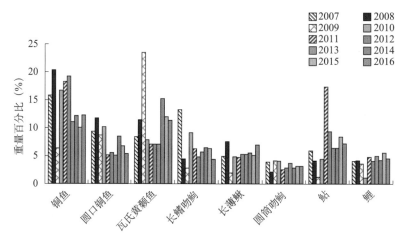

图 4-14　长江干流主要经济鱼类重量百分比（2007—2016 年）

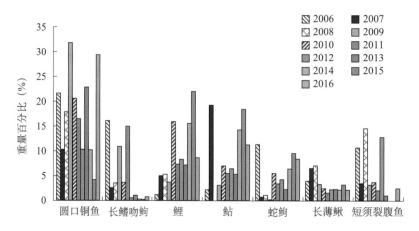

图 4-15　金沙江下游主要经济鱼类重量百分比（2006—2016 年）

第5章
鱼类早期资源

长江上游保护区河段是珍稀特有鱼类分布的重要区域，群体补充资源量水平是评估流域资源健康的重要指标，其中金沙江下游江段和赤水河是长江上游特有鱼类重要的产卵区域，长江上游干流段也具有一定的适宜条件提供鱼类繁殖需求。根据《长江上游珍稀特有鱼类国家级自然保护区总体规划报告》，在赤水河、长江上游干流、金沙江设置控制断面监测鱼类产卵场和繁殖生态变化。

5.1 赤水河断面

5.1.1 种类组成

2007—2016年调查期间，赤水市断面共采集到鱼卵78 411粒，仔稚鱼5 020尾，鉴定鱼类早期资源43种（表5-1）。典型的产漂流性卵鱼类有寡鳞飘鱼、银鮈、宜昌鳅蛇、中华沙鳅、花斑副沙鳅、双斑副沙鳅、长薄鳅、紫薄鳅、犁头鳅和中华金沙鳅等10余种，其他种类多为产沉黏性卵。

表5-1 2007—2016年采样期间赤水市江段鱼类早期资源种类组成

鱼名	2007年	2008年	2009年	2010年	2011年	2012年	2013年	2014年	2015年	2016年
宽鳍鱲	+	+			+	+	+	+	+	+
马口鱼	+				+	+				
寡鳞飘鱼		+	+	+	+	+	+	+	+	+
飘鱼		+							+	
半䱗	+	+			+	+	+	+	+	+
高体近红鲌									+	
蒙古鲌		+					+	+		
唇鲴								+		+
花鲴	+	+			+	+	+		+	+
棒花鱼									+	
麦穗鱼		+			+					
银鮈	+	+	+	+	+	+	+	+	+	+

续表

鱼名	2007年	2008年	2009年	2010年	2011年	2012年	2013年	2014年	2015年	2016年
吻鮈					+		+			
蛇鮈	+	+			+		+	+	+	
裸腹片唇鮈								+		
宜昌鳅鮀	+	+			+	+		+	+	+
高体鳑鲏	+	+			+	+	+	+	+	
中华鳑鲏	+				+	+	+	+	+	+
大鳍鱊									+	
中华倒刺鲃	+	+						+		
鲤		+					+	+	+	+
鲫	+	+					+			
泥鳅	+								+	
中华沙鳅	+	+	+	+	+	+	+	+	+	+
花斑副沙鳅	+	+	+		+	+	+	+	+	+
双斑副沙鳅	+	+	+		+	+	+			
长薄鳅	+	+	+	+	+	+	+	+	+	+
紫薄鳅	+	+	+	+	+	+	+	+	+	+
中华金沙鳅	+	+	+	+		+				
犁头鳅	+	+	+	+	+		+	+	+	+
四川华吸鳅	+	+	+	+	+	+	+	+	+	+
鲇	+	+			+		+	+	+	+
瓦氏黄颡鱼	+	+	+	+	+	+	+	+	+	+
光泽黄颡鱼	+	+			+	+				
切尾拟鲿		+			+	+				
粗唇鮠					+			+		
大鳍鳠		+			+			+		+
福建纹胸鮴		+								
鳜	+	+			+	+	+	+	+	+
乌鳢		+								
子陵吻虾虎鱼	+	+					+	+	+	
小黄黝鱼	+									
食蚊鱼	+									
总计	27	31	11	9	26	21	24	30	29	20

5.1.2 繁殖时间

根据卵苗漂流密度的日变化情况可知，赤水河流域鱼类的繁殖活动主要开始于3月，但是由于该季节繁殖的鱼类大部分产沉黏性卵，鱼卵的漂流密度相对较低；5月底，随着产漂流性卵鱼类陆续加入繁殖序列，卵苗漂流密度明显增加，在 6 月中下旬到 7 月中下旬达到高峰，该繁殖高峰可以一直持续到 7 月中下旬甚至 8 月上旬（图 5-1）。

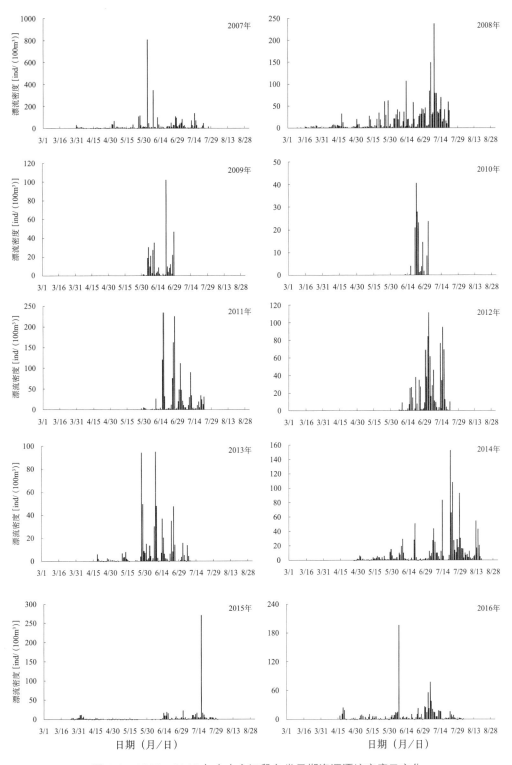

图 5-1　2007—2016 年赤水市江段鱼类早期资源漂流密度日变化

产沉黏性卵鱼类中，鲤、鲫等种类2—3月即开始繁殖，蛇鮈和唇鲭等鮈亚科种类的繁殖活动集中在4月下旬至5月下旬，繁殖高峰为4月下旬；鲇形目种类，如瓦氏黄颡鱼、切尾拟鲿、大鳍鳠和鲇的繁殖活动集中在5月中下旬至6月上旬，繁殖高峰为5月底至6月初。

产漂流性卵鱼类中，银鮈和鳜的繁殖期最长，从4月中旬至8月上旬均可以采集到它们的受精卵，其间经历了数个繁殖高峰，其中以6月初至7月初的繁殖规模最大。平鳍鳅科（犁头鳅、中华金沙鳅、四川华吸鳅）和沙鳅亚科（长薄鳅、紫薄鳅、中华沙鳅、双斑副沙鳅、花斑副沙鳅）的繁殖活动开始于5月下旬，一直持续到8月上旬，其中6月上旬到7月下旬为繁殖高峰期。

5.1.3 繁殖规模与产卵场

根据2007—2008年和2013—2016年赤水市断面的流量和卵苗采集结果对流经该断面产漂流性卵鱼类的繁殖规模进行了推算（2009—2012年采样时间较短，未进行繁殖规模的估算）。结果显示，2007年、2008年、2013年、2014年、2015年和2016年流经赤水市断面的鱼卵径流量分别为3.26×10^8 ind、6.26×10^8 ind、4.93×10^8 ind、6.26×10^8 ind、1.82×10^8 ind和1.12×10^8 ind（表5-2）。2007年和2008年以银鮈繁殖规模为最大，而2013—2016年以薄鳅属繁殖规模为最大。

表5-2 调查期间赤水市断面鱼卵径流量（$\times 10^8$ ind）

种类	2007年	2008年	2013年	2014年	2015年	2016年
薄鳅属	0.37	0.92	2.13	2.41	1.13	2.57
平鳍鳅科	0.23	1.12	1.10	0.86	0.11	0.62
副沙鳅属	0.08	0.11	0.55	0.61	0.14	0.25
沙鳅属	0.08	0.22	0.23	0.37	0.14	0.33
银鮈	2.49	2.75	0.68	1.28	0.09	0.79
其他	0.01	1.14	0.24	0.73	0.21	1.44
合计	3.26	6.26	4.93	6.26	1.82	6.00

鲤、鲫、半䱗、蛇鮈、唇鲭和鲿科等产黏性卵鱼类一般将卵产于水草或者沙石底质上，受精卵通常黏附在基质上完成胚胎发育过程，但是在水流的强冲刷作用下它们的受精卵可以脱离基质而随水漂流。早期资源定点监测中经常可以采集这些鱼类的受精卵，但是不能采用推算产漂流性卵鱼类产卵场的方法来推算它们的产卵。根据实地调查和渔民反馈的信息判断，赤水河中下游广泛分布有这些鱼类的产卵场。2007年4月23日曾在赤水市葫市镇江段采集到600多粒半䱗的受精卵，这些受精卵黏附在面积约12cm×12cm的石块上。此外，每年的春夏季在赤水市江段均可采集到大量黏附在水草和砂石上的鲤、唇鲭、蛇鮈等鱼类的受精卵。

根据赤水市断面采集漂流性鱼卵的发育期以及河水的流速对产漂流性卵鱼类的产卵场进行了推算。结果显示，在赤水市断面上游200余千米广泛分布着产漂流性卵鱼类的产卵场（表5-3）。寡鳞飘鱼和宜昌鳅鮀的产卵场主要集中在葫市镇以下江段；银鮈和紫薄鳅的产卵场主要集中在土城镇以下江段；副沙鳅属鱼类的产卵场主要集中在葫市镇和沙滩乡附近；长薄鳅、中华沙鳅、金沙鳅属鱼类的产卵场相对靠上，主要集中在太平镇、合马镇和茅台镇附近，其中尤以长薄鳅的产卵场分布最广，最远可达赤水镇附近。与2007—2008年和2013—2014年相比，2015—2016年主要产卵场有所上移。

表5-3 赤水河产漂流性卵鱼类的产卵场及不同产卵场的繁殖规模（×10^{8}ind）

产卵场名称	2007年	2008年	2013年	2014年	2015年	2016年
赤水—复兴	1.51	1.78	1.29	2.02	0.18	0.37
丙安乡	0.45	0.86	0.59	0.74	0.07	0.21
葫市镇	0.21	0.33	0.64	0.65	0.12	0.46
元厚镇	0.24	0.73	0.50	0.61	0.15	0.43
土城镇	0.30	0.45	0.93	0.41	0.05	0.83
太平镇	0.44	0.73	0.42	0.47	0.02	0.73
二郎镇	0.07	0.23	0.09	0.14	0.09	1.25
沙滩—茅台	0.07	0.14	0.25	0.84	1.08	0.84
茅台以上	—	—	0.04	0.36	0.10	0.84

5.1.4 繁殖活动与环境因子的关系

应用典型对应分析对2007—2008年和2013—2016年赤水市断面鱼类早期资源漂流密度与不同环境因子之间的关系进行了探讨。结果显示，中华沙鳅、花斑副沙鳅、双斑副沙鳅、长薄鳅、紫薄鳅和犁头鳅等典型产漂流性鱼卵鱼类的繁殖活动与流量和水位的变化呈显著正相关，它们的繁殖活动往往伴随着涨水过程；四川华吸鳅、寡鳞飘鱼和宜昌鳅鮀等鱼类的繁殖活动与水温呈正相关，其繁殖活动一般发生在天气晴朗气温较高的时候；而银鮈的繁殖活动与透明度呈正相关（图5-2、图5-3）。

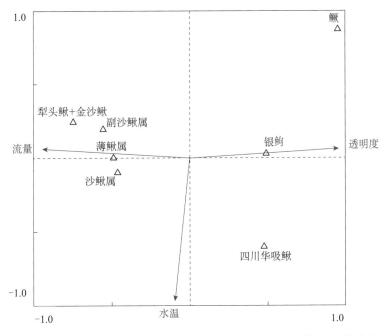

图5-2 2015年赤水市江段鱼卵漂流密度与环境因子关系的CCA排序图

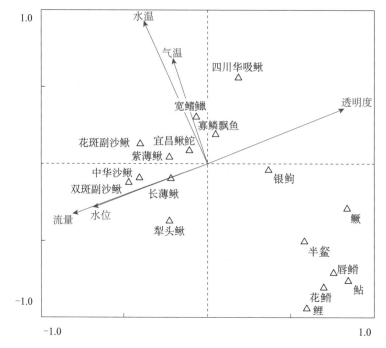

图 5-3　2016 年赤水市江段鱼卵漂流密度与环境因子关系的 CCA 排序图

5.2　江津断面

5.2.1　种类组成

2007—2016 年在长江上游江津江段进行了鱼类早期资源监测工作，共采集到鱼卵 23 612 粒，鱼苗 26 173 尾。采集到的卵苗种类包括陈氏短吻银鱼、中华沙鳅、长薄鳅、犁头鳅、中华金沙鳅、紫薄鳅、双斑副沙鳅、花斑副沙鳅、宽鳍鱲、草鱼、白鲢、银飘鱼、寡鳞飘鱼、鳘、翘嘴鲌、银鮈、铜鱼、圆口铜鱼、圆筒吻鮈、吻鮈、蛇鮈、宜昌鳅鮀、异鳔鳅鮀、鲤、鲫、大口鲇、瓦氏黄颡鱼、子陵吻虾虎鱼等三十多种。2009 年监测中鲌类、鳅类、虾虎鱼类、家鱼类、铜鱼类卵苗径流量居多，分别占 19.27%、11.66%、10.68%、9.26% 和 7.15%；2010 年监测中鲌类、鮈类、鳅类、家鱼类、鲤鲫类卵苗径流量居多，分别占 18.23%、13.26%、10.88%、6.93% 和 4.25%；2011 年监测中鲌类、鮈类、鳅类、家鱼类数量较多，分别占 16.88%、15.98%、12.30% 和 9.61%；2012 年监测中鳅类、鮈类、鲌类、鳅鮀类和家鱼类数量较多，分别占 20.64%、18.47%、15.27%、11.23% 和 10.09%；2013 年监测中鲌类、鮈类、鳅鮀类、鳅类和家鱼类数量较多，分别占 30.76%、15.25%、11.77%、10.95% 和 7.46%。2014 年监测中鲌类、鮈类、鳅鮀类、家鱼类和鳅类数量较多，分别占 14.90%、15.62%、11.77%、12.08% 和 7.49%。2015 年监测中随机选取 977 颗鱼卵经形态及分子鉴定，共鉴定出 26 种，均为鲤形目鱼类，有部分种类为非典型产漂流性卵鱼类。

其中以寡鳞飘鱼数量最多，占总鉴定量的 22.3%。2016 年监测中铜鱼、鲢、中华沙鳅、犁头鳅、长薄鳅、吻鮈、寡鳞飘鱼、宜昌鳅鮀数量较多，分别占 3.06%、3.19%、3.65%、4.18%、9.28%、10.7%、13.56%、13.83%。

5.2.2 繁殖规模及产卵场

2007—2016 年长江上游江津断面卵苗总径流量呈先下降后略有波动的趋势，2008 年卵苗径流量明显高于 2007 年、2009 年、2010 年、2011 年和 2012 年，2013 年有明显下降，然后 2014 年、2015 年和 2016 年又明显上升；家鱼卵苗径流量呈明显下降趋势，2008 年家鱼卵苗径流量明显高于 2009 年、2010 年、2011 年、2012 年、2013 年、2014 年、2015 年和 2016 年，2013 年最低，下降明显，2014 年上升，后连续三年基本不变；2007—2016 年铜鱼卵苗径流量的总体趋势是先上升后下降，2013 年尤为明显，达到最低（图 5-4）。

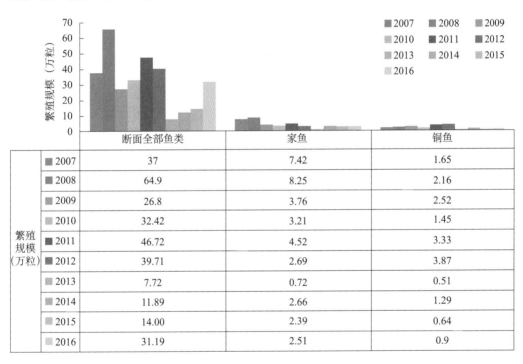

繁殖规模（万粒）		断面全部鱼类	家鱼	铜鱼
	2007	37	7.42	1.65
	2008	64.9	8.25	2.16
	2009	26.8	3.76	2.52
	2010	32.42	3.21	1.45
	2011	46.72	4.52	3.33
	2012	39.71	2.69	3.87
	2013	7.72	0.72	0.51
	2014	11.89	2.66	1.29
	2015	14.00	2.39	0.64
	2016	31.19	2.51	0.9

图 5-4　长江上游江津断面鱼类繁殖规模（2007—2016 年）

2007—2013 年长江上游宜宾至江津段家鱼、铜鱼等主要产漂流性卵鱼类的产卵场位置未出现明显变化，家鱼产卵场主要分布在朱杨镇和合江两个江段，具体为朱杨镇至羊石镇及榕山镇至弥陀镇，繁殖规模占总繁殖规模的 70% 以上；铜鱼产卵场主要分布在合江和泸州江段，具体为羊石镇至文桥及弥陀镇至大渡口镇，繁殖规模占繁殖规模的 60% 以上（表 5-4）。

表5-4 长江上游江津断面主要产漂流性卵鱼类产卵场分布（2007—2016年）

年份	项目	家鱼产卵场							总计
2007	位置	油溪—白沙	白沙—朱杨	朱杨—羊石	合江—榕山	合江	合江—弥陀	弥陀—泸州	
	长度（km）	20	14	22	6	4	18	70	154
	繁殖规模（×10^8 ind）	0.015 8	0.453 7	0.192 5	0.305 7	2.035 2	0.607 3	1.095 3	4.705 5
2008	位置	油溪—朱杨	朱杨—羊石	榕山—合江	合江—弥陀	弥陀—泸州			
	长度（km）	34	22	14	18	70			158
	繁殖规模（×10^8 ind）	0.469 5	0.192 5	2.340 9	0.607 3	1.095 3			4.705 5
2009	位置	龙门—白沙	朱杨—朱沱	羊石—弥陀	新溪子—泸州	大渡口—江安			
	长度（km）	28	22	48	19	34			151
	繁殖规模（×10^8 ind）	0.562 8	1.200 7	1.576	0.187 6	0.225 1			3.752
2010	位置	龙门—石门	朱杨—九层岩	榕山—新瓦房	泰安—蓝田	江安—南溪			
	长度（km）	33	22	48	19	34			156
	繁殖规模（×10^8 ind）	0.320 9	0.481 4	1.444 2	0.802 3	0.160 4			3.209 4
2011	位置	金刚—下白沙	榕山—上白沙	弥陀—黄舣	井口—罗龙				
	长度（km）	11	46	5	54				116
	繁殖规模（×10^8 ind）	1.010 146	1.910 02	0.524 132	0.987 002				4.431 3
2012	位置	榕山—合江	合江—黄舣	弥陀—罗龙	南溪—罗龙				
	长度（km）	10	25	12	24				71
	繁殖规模（×10^8 ind）	0.366 9	1.467 4	0.183 4	0.244 6				2.262 3
2013	位置	合江—黄舣	合江—黄舣						
	长度（km）	10	34						44
	繁殖规模（×10^8 ind）	0.143 9	0.130 3						0.274 2

续表

家鱼产卵场

年份	项目						总计
2014	位置	下白沙—石门	合江—上白沙	兆雅—黄舣			
	长度（km）	10	11	18			39
	繁殖规模（$\times 10^8$ ind）	0.43	1.15	0.61			2.19
2015	位置	纳溪—方山	泸州—黄舣	榕山—羊石	朱杨—朱沱	白沙	
	长度（km）	8	14	8	13	2	45
	繁殖规模（$\times 10^8$ ind）	0.3	0.12	0.23	0.97	0.18	1.8
2016	位置	南溪—江安	泰安—文桥	榕山—石门			
	长度（km）	15	50	44			109
	繁殖规模（$\times 10^8$ ind）	0.374	0.46	1.35			2.18

铜鱼产卵场

年份	项目							总计
2007	位置	油溪—白沙	白沙—朱杨	朱杨—羊石	合江—榕山	合江	合江—泸州	
	长度（km）	14	7	8	23	11	69	132
	繁殖规模（$\times 10^8$ ind）	0.010 1	0.074 2	0.085 5	0.031 5	0.254 1	0.669 1	1.124 5
2008	位置	油溪—朱杨	朱杨—羊石	榕山—合江	合江—泸州	泸州—安边		
	长度（km）	19	23	36	69	68		215
	繁殖规模（$\times 10^8$ ind）	0.084 3	0.085 5	0.285 6	0.403 7	0.265 4		1.124 5
2009	位置	龙门滩—白沙上	朱杨—合江	弥陀—泸州	大渡口—江安下	南溪—宜宾		
	长度（km）	37	53	55	19	44		208
	繁殖规模（$\times 10^8$ ind）	0.556	0.884	0.758	0.126	0.202		2.527

续表

年份	项目	铜鱼产卵场						总计
		龙门—石门	羊石—文桥	弥陀—大渡口	江安—南溪	南溪—宜宾		
2010	位置	龙门—石门	羊石—文桥	弥陀—大渡口	江安—南溪	南溪—宜宾		
	长度（km）	36	31	60	18	30		175
	繁殖规模（$\times 10^8$ ind）	0.096 6	0.386 3	0.482 9	0.193 1	0.289 7		1.448 6
2011	位置	合江—上白沙	弥陀—泸州	纳溪—怡乐	宜宾—水富			
	长度（km）	6	39	26	7			78
	繁殖规模（$\times 10^8$ ind）	2.143 3	0.635 1	0.238 1	0.317 5			3.334
2012	位置	油溪—金刚	朱杨—鱼咀	合江—上白沙	弥陀—泸州			
	长度（km）	12	15	6	39			72
	繁殖规模（$\times 10^8$ ind）	0.249 5	0.249 5	2.058 2	0.748 5			3.305 7
2013	位置	朱杨—鱼咀	合江—泸州	宜宾—泸州				
	长度（km）	15	71	43				129
	繁殖规模（$\times 10^8$ ind）	0.089 6	0.254 1	0.134 5				3.305 7
2014	位置	龙门—油溪	石门—朱杨	羊石—榕山	合江—上白沙			
	长度（km）	2	5	20	15			42
	繁殖规模（$\times 10^8$ ind）	0.16	0.13	0.4	0.23			0.92
2015	位置	未沱	下白沙—朱杨					
	长度（km）	9	17					26
	繁殖规模（$\times 10^8$ ind）	0.25	0.1					0.35
2016	位置	文桥—黄舣	鱼咀—合江县	白沙—未沱				
	长度（km）	36	26	30				92
	繁殖规模（$\times 10^8$ ind）	0.1	0.22	0.26				0.58

5.2.3　繁殖时间

2007—2016 年江津全断面卵苗高峰出现时间有一定差异，其中 2007 年、2008 年、2009 年、2012 年和 2016 年出现在 5 月中旬，2010 年、2011 年和 2013 年出现在 6 月初，2009 年和 2015 年卵苗高峰维持到 6 月底，2007 年、2008 年、2010 年、2011 年、2012 年、2013 年、2014 年和 2016 年卵苗高峰一直维持到 7 月初才结束。家鱼卵苗高峰时间变化趋势较明显，2007 年、2008 年、2012 年和 2016 年 5 月底即出现卵苗高峰，2009 年、2010 年、2011 年、2013 年、2014 年和 2015 年到 6 月初才出现卵苗高峰。卵苗高峰维持时间 2016 年最短，仅到 6 月中旬；2007 年最长，自 5 月中旬持续到 7 月初；2014 年次之，自 6 月初持续到 7 月初结束。铜鱼卵苗高峰出现时间 2007 年最早，4 月下旬即出现高峰；2015 年出现最晚，到 6 月 6 日才出现。同时 2015 年铜鱼卵苗高峰仅维持到 6 月 11 日就结束，而 2007 年仅持续到 5 月底，2008 年、2009 年、2011 年、2014 年和 2016 年维持到 6 月中旬即结束，2013 年 7 月 13 日仍观察到有铜鱼产卵过程（表 5-5）。

5.2.4　现状评价

2007—2016 年在长江上游江津以上江段进行繁殖的鱼类有 30 种以上，其中典型产漂流性卵的鱼类主要有中华沙鳅、长薄鳅、犁头鳅、中华金沙鳅、紫薄鳅、双斑副沙鳅、花斑副沙鳅、草鱼、鲢、银飘鱼、寡鳞飘鱼、鳡、翘嘴鲌、银鮈、铜鱼、圆口铜鱼、圆筒吻鮈、吻鮈、蛇鮈、宜昌鳅鮀、异鳔鳅鮀等 20 余种。2007—2016 年江津断面各年度繁殖规模分别为 37×10^8ind 、64.9×10^8ind、26.8×10^8ind、32.4×10^8ind、46.7×10^8ind、39.71×10^8ind、7.72×10^8ind、11.89×10^8ind、14×10^8ind 和 31.19×10^8ind。2008 年繁殖规模明显大于其他年份，自 2009 年开始到 2011 年呈逐渐上升趋势，2012 年有所下降。2013 年出现大幅下降，可能与向家坝水库蓄水有关。2014 年、2015 年较 2013 年缓慢上升，2016 年上升明显。这可能是向家坝水库蓄水后，产漂流性卵鱼类适应环境所致。长江上游江津断面以上江段家鱼产卵场主要分布在朱杨镇至合江两个江段，具体为朱杨镇至羊石镇及榕山镇至弥陀镇，繁殖规模占总繁殖规模的 70% 以上；铜鱼产卵场主要分布在合江和泸州江段，具体为羊石镇至文桥及弥陀镇至大渡口镇，繁殖规模占总繁殖规模的 60% 以上，其他鱼类产卵场较为分散。

5.3　金沙江断面

2008 年、2010—2016 年在水富、巧家、宜宾、攀枝花、皎平渡等 5 个断面开展了鱼类早期资源监测，各年度分别采集产漂流性卵鱼类卵苗 12 092ind、11 579ind、8 300ind、4 038ind、2 388ind、1 614ind、202ind 和 703ind（表 5-6）。

表5-5 长江上游江津江段鱼类产卵高峰时间（2007—2016年）

项目	2007年		2008年		2009年		2010年		2011年		2012年		2013年		2014年		2015年		2016年	
	起止时间(月.日)	经流量($\times 10^8$ind)	起止时间(月.日)	经流量($\times 10^8$ind)	起止时间(月.日)	经流量($\times 10^8$ind)	起止时间(月.日)	经流量($\times 10^8$ind)	起止时间(月.日)	经流量($\times 10^8$ind)	起止时间(月.日)	经流量($\times 10^8$ind)	起止时间(月.日)	经流量($\times 10^8$ind)	起止时间(月.日)	经流量($\times 10^8$ind)	起止时间(月.日)	经流量($\times 10^8$ind)	起止时间(月.日)	经流量($\times 10^8$ind)
全断面	4.26—4.29	1.98	4.26—4.29	1.96	5.13—5.15	3.37	6.5—6.6	1.84	6.1—6.13	3.53	5.14—5.17	4.95	6.10—6.16	1.04	5.29—6.9	3.73	6.8—6.11	2.28	5.14—5.15	1.95
	5.7—5.8	1.88	5.7—5.8	1.88	6.2—6.2	1.07	6.18—6.20	4.56	6.19—6.24	16.06	6.26—7.1	6.94	6.25—7.5	2.65	6.28—7.2	2.2	6.22—7.1	3.26	6.8—6.10	2.58
	5.18—5.20	4.2	5.18—5.20	4.2	6.7—6.10	3.88	6.24—6.24	1.17	7.2—7.4	6.02	7.4—7.5	2.98	7.7—7.11	1.93	7.10—7.13	2.09			7.7—7.14	9.91
	6.7—6.13	2.57	6.7—6.13	2.57	6.28—6.28	1.32	7.1—7.3	4.19												
	7.7—7.13	7.1	7.7—7.13	7.1																
总计		17.73		17.71		9.64		11.76		25.61		14.87		5.62		8.02		5.54		14.44
家鱼	5.17—5.20	3.31	5.26—6.1	2.14	6.9—6.12	1.7	6.9—6.13	0.3	6.12—6.14	1.18	5.9—5.15	1.35	6.6—6.12	0.204	6.2—6.10	0.755	6.4—6.10	0.75	5.14—5.15	0.64
	6.19—6.29	0.62	6.4—6.6	0.51	6.19—6.23	0.9	6.17—6.22	0.8	6.19—6.21	1.1	5.31—6.5	0.5	6.27—7.3	0.405	6.18—6.22	0.26	6.24—6.28	0.38	6.3—6.4	0.55
	7.7—7.10	0.9	6.12—6.17	1.32	6.27—6.28	0.7	6.28—7.5	1.1	6.23—6.28	1.14	6.23—7.1	0.68			6.27—7.4	1.55	6.30—7.6	0.63	6.6—6.9	0.633
总计		4.83		3.97		3.3		2.2		3.42		2.53		0.609		2.565		1.76		1.823
铜鱼	4.26—4.29	0.21	5.26—5.29	0.65	5.14—5.15	0.3	5.29—6.2	0.2	5.20—5.26	0.59	5.4—5.8	0.84	5.12—5.13	0.115	5.31—6.5	0.115	6.6—6.11	0.333	5.26—5.27	0.127
	5.7—5.8	0.29	6.4—6.6	0.19	6.2—6.3	0.2	6.18—6.21	0.3	5.30—6.7	0.8	5.14—5.18	1.39	5.27—5.30	0.083	6.7—6.10	0.272			6.8—6.10	0.243
	5.18—5.20	0.45	6.12—6.13	0.2	6.7—6.13	1.1	6.24—6.26	0.2	6.9—6.16	0.68	6.20—6.25	0.59	6.7—6.20	0.161	6.18—6.25	0.281			6.22—6.23	0.102
					6.15—6.16	0.3	6.29—7.4	0.4	6.18—6.25	0.68	6.29—7.1	0.58	7.4—7.7	0.105						
总计		0.95		1.04		1.9		1.1		2.75		3.4		0.464		0.668		0.333		0.472

表 5-6　金沙江中下游鱼类早期资源监测（2008—2016 年）

年　份	监测断面	监测点位	监测日期（月.日）	监测时间（d）	卵苗量[粒（尾）]
2008	水富	向家坝下游 3km	5.20—7.13	56	7 262
	巧家	白鹤滩上游 45km			4 830
2010	宜宾	向家坝下游 28km	4.19—7.13	86	4 600
	攀枝花	雅江汇口以上 38km	6.8—7.10	33	6 979
2011	宜宾	向家坝下游 28km	5.23—7.5	44	3 248
	攀枝花	雅江汇口以上 38km	5.17—6.28	43	5 052
2012	宜宾	向家坝下游 28km	5.19—7.15	58	1 594
	攀枝花	雅江汇口以上 38km	6.8—7.18	41	2 444
2013	宜宾	向家坝下游 28km	5.29—7.13	46	1 102
	攀枝花	雅江汇口以上 38km	5.19—6.26	39	1 286
2014	宜宾	向家坝下游 28km	5.22—7.5	45	791
	攀枝花	雅江汇口以上 38km	5.21—7.5	46	823
2015	宜宾	向家坝下游 28km	5.21—6.30	41	202
	攀枝花	雅江汇口以上 38km	5.20—7.3	45	0
2016	宜宾	向家坝下游 28km	5.21—6.30	41	199
	皎平渡	皎平渡大桥上游约 0.1km	5.24—7.12	50	504
	攀枝花	雅江汇口以上 38km	5.20—6.25	37	0

5.3.1　种类组成

2008 年采集到的卵苗种类主要包括长鳍吻鮈、宜昌鳅鮀、双斑副沙鳅、圆口铜鱼、犁头鳅、长薄鳅、中华倒刺鲃、花斑副沙鳅、鳌、蛇鮈、银飘鱼、中华金沙鳅、吻鮈等 13 种；2010 年度采集到的卵苗种类主要包括圆口铜鱼、中华沙鳅、中华倒刺鲃、蛇鮈、宜昌鳅鮀、吻鮈、长鳍吻鮈、鳌、中华金沙鳅、犁头鳅、长薄鳅、花斑副沙鳅、中华金沙鳅、圆筒吻鮈、铜鱼、翘嘴鲌、银飘鱼、寡鳞飘鱼等 18 种。2011年采集的卵苗种类主要包括圆口铜鱼、翘嘴鲌、银飘鱼、中华沙鳅、中华倒刺鲃、蛇鮈、宜昌鳅鮀、吻鮈、鳌、长鳍吻鮈、中华金沙鳅、犁头鳅、长薄鳅、花斑副沙鳅等 14种。2012 年采集的卵苗种类主要包括圆口铜鱼、中华倒刺鲃、中华沙鳅、长鳍吻鮈、宜昌鳅鮀、蛇鮈、花斑副沙鳅、鳌、翘嘴鲌、银飘鱼、寡鳞飘鱼、长薄鳅、吻鮈等 13种。2013 年采集的卵苗种类主要包括圆口铜鱼、中华金沙鳅、花斑副沙鳅、中华倒刺鲃、中华沙鳅、长鳍吻鮈、宜昌鳅鮀、蛇鮈、吻鮈等 9 种。2014 年采集的卵苗种类主要包括圆口铜鱼、犁头鳅、长鳍吻鮈、中华金沙鳅、中华沙鳅、花斑副沙鳅、蛇鮈、寡鳞飘鱼、中华倒刺鲃、吻鮈和飘鱼等 11 种。2015 年采集的卵苗种类主要包括寡鳞飘鱼、花斑副沙鳅、犁头鳅、蛇鮈、铜鱼、吻鮈、宜昌鳅鮀、中华倒刺鲃和中华纹胸鮡等 9 种。2016 年采集的卵苗种类主要包括寡鳞飘鱼、中华纹胸鮡、犁头鳅、蛇鮈、铜鱼、吻鮈、宜昌鳅鮀、银飘鱼、中华金沙鳅、中华沙鳅、中华鳑鲏、子陵吻虾虎鱼、长鳍吻鮈、长薄鳅、圆口铜鱼、宽体沙鳅和宽鳍鱲等 17 种。在所有采集的卵苗种类中，宽鳍鱲、中华纹胸鳅、寡鳞飘鱼、银飘鱼、子陵吻虾虎鱼等 5 种为非典型的产漂流性卵鱼类。种类组成上，2008 年曾大量采集到的双斑副沙鳅在 2010 年、2011 年、2012 年和 2013 年未采集到，2010 年采集到的圆筒吻鮈、铜鱼在 2008 年、2011 年、2012 年和 2013 年未采集到。

5.3.2　繁殖规模及产卵场

1. 产卵总规模

2008 年金沙江水富断面采样期总繁殖规模为 5.84×10^8 ind，巧家断面采样期总繁殖规模为 6.86×10^8 ind；2010 年宜宾断面采样期总繁殖规模为 4.90×10^8 ind，攀枝花断面采样期总繁殖规模为 3.41×10^8 ind；2011 年宜宾断面采样期总繁殖规模为 3.22×10^8 ind，攀枝花断面采样期总繁殖规模为 1.57×10^8 ind；2012 年宜宾断面采样期总繁殖规模为 1.62×10^8 ind，攀枝花断面采样期总繁殖规模为 0.70×10^8 ind；2013 年金沙江宜宾断面采样期卵苗径流量为 0.95×10^8 ind，攀枝花断面采样期卵苗径流量为 1.50×10^8 ind；2014 年宜宾断面采样期总繁殖规模为 376.6×10^4 ind，攀枝花断面采样期总繁殖规模为 2214.2×10^4 ind；2015 年宜宾断面采样期总繁殖规模为 246.2×10^4 ind，攀枝花断面未采集到鱼类早期资源样；2016 年金沙江宜宾断面采样期卵苗径流量为 123.1×10^4 ind，皎平渡断面采样期卵苗径流量为 3034.3×10^4 ind，攀枝花断面未采集到鱼类早期资源样。

2. 特有鱼类繁殖规模

2008 年在金沙江中下游采集到卵苗的特有鱼类主要有圆口铜鱼、长鳍吻鮈、长薄鳅、中华金沙鳅、双斑副沙鳅等 5 种；2010 年采集到卵苗的特有鱼类主要有圆口铜鱼、长鳍吻鮈、长薄鳅、中华金沙鳅、圆筒吻鮈等 5 种；2011 年采集到卵苗的特有鱼类主要有圆口铜鱼、长鳍吻鮈、中华金沙鳅、长薄鳅等 4 种；2012 年采集到卵苗的特有鱼类主要有圆口铜鱼、长鳍吻鮈、中华金沙鳅、长薄鳅等 4 种；2013 年采集到卵苗的特有鱼类主要有圆口铜鱼、长鳍吻鮈、中华金沙鳅等 3 种；2014 年采集到卵苗的特有鱼类主要有圆口铜鱼、长鳍吻鮈和中华金沙鳅等 3 种；2015 年未采集到特有鱼类卵苗；2016 年采集到卵苗的特有鱼类主要有圆口铜鱼、长鳍吻鮈、中华金沙鳅和长薄鳅等 4 种。

（1）圆口铜鱼。按鱼类卵苗采样期径流量推算，2008 年水富断面圆口铜鱼繁殖规模为 21 178.87 万 ind，巧家断面为 17 275.22 万 ind；2010 年宜宾断面繁殖规模为 16 514.75 万 ind，攀枝花断面为 3 662.45 万 ind；2011 年宜宾断面繁殖规模为 16 145.66 万 ind，攀枝花断面为 2 510.83 万 ind；2012 年宜宾断面繁殖规模为 8 209.13 万 ind，攀枝花断面为 250.40 万 ind；2013 年宜宾断面未发现圆口铜鱼鱼卵，攀枝花断面圆口铜鱼繁殖规模为 72.64 万 ind；2014 年宜宾断面未发现圆口铜鱼鱼卵，攀枝花断面圆口铜鱼繁殖规模为 312.8 万 ind；2015 年宜宾和攀枝花断面均未发现圆口铜鱼鱼卵；2016 年宜宾和攀枝花断面未发现圆口铜鱼鱼卵，皎平渡断面圆口铜鱼繁殖规模为 68.52 万 ind。

（2）长鳍吻鮈。按鱼类卵苗采样期径流量推算，2008 年水富断面繁殖规模为604.30 万 ind，巧家断面为 4 136.96 万 ind；2010 年宜宾断面繁殖规模为 1 027.24 万ind，攀枝花断面为 3 943.57 万 ind；2011 年宜宾断面繁殖规模为 1 002.81 万 ind，攀枝花断面为 1 779.35 万 ind；2012 年宜宾断面繁殖规模为 512.09 万 ind，攀枝花断面为 1 316.56 万 ind；2013 年宜宾断面未发现长鳍吻鮈鱼卵，攀枝花断面长鳍吻鮈繁殖规模为 12.31 万 ind；2014 年宜宾断面未发现长鳍吻鮈鱼卵，攀枝花断面长鳍吻鮈繁殖规模为 1 316.6 万 ind；2015 年宜宾和攀枝花断面均未发现长鳍吻鮈鱼卵；2016 年宜宾和攀枝花断面未发现长鳍吻鮈鱼卵，2016 年皎平渡断面长鳍吻鮈繁殖规模为 28.55 万 ind。

（3）长薄鳅。按鱼类卵苗采样期径流量推算，2008 年水富断面繁殖规模为 297.35万 ind，巧家断面为 945.43 万 ind；2010 年宜宾断面繁殖规模为 805.6 万 ind，攀枝花断面未采集到长薄鳅鱼卵；2011 年宜宾断面繁殖规模为 688.16 万 ind，攀枝花断面未采集到长薄鳅鱼卵；2012 年宜宾断面繁殖规模为 279.88 万 ind，攀枝花断面未采集到；2013 年未发现长薄鳅鱼卵；2014 年、2015 年和 2016 年宜宾和攀枝花断面均未发现长薄鳅鱼卵；2016 年皎平渡断面长薄鳅繁殖规模为 177.01 万 ind。

（4）中华金沙鳅。按鱼类卵苗采样期径流量推算，2008 年水富断面繁殖规模为2 884.59 万 ind，巧家断面为 9 874.24 万 ind；2010 年宜宾断面繁殖规模为 20.88 万 ind，攀枝花断面为 1 115.10 万 ind；2011 年宜宾断面未采集到中华金沙鳅鱼卵，攀枝花断面繁殖规模为 2 168.64 万 ind；2012 年宜宾断面繁殖规模为 31.38 万 ind，攀枝花断面为 489.29 万 ind；2013 年宜宾断面未发现中华金沙鳅鱼卵，攀枝花断面繁殖规模为 368.81 万 ind；2014 年宜宾断面未采集到中华金沙鳅鱼卵，攀枝花断面繁殖规模为269.7 万 ind；2015 年宜宾和攀枝花断面均未采集到中华金沙鳅鱼卵；2016 年宜宾断面繁殖规模为 7.14 万 ind，皎平渡断面为 170 ind，攀枝花断面未采集到中华金沙鳅鱼卵。

2008 年在水富断面监测鱼类产卵场为向家坝、屏山、新市镇、溪洛渡、金安桥等 5处；在巧家断面监测鱼类产卵场为巧家、会泽、会东、皎平渡、观音岩、金安桥等 6 处。

2010 年在宜宾断面监测鱼类产卵场为柏溪、屏山、新市镇、佛滩、皎平渡、观音岩等 6 处；在攀枝花断面监测鱼类产卵场为观音岩、灰拉古、皮拉海、朵美、金安桥等 5 处。

2011 年在宜宾断面监测鱼类产卵场为柏溪、屏山、新市镇、佛滩、皎平渡、观音岩等 6 处；在攀枝花断面监测鱼类产卵场为观音岩、灰拉古、皮拉海、朵美、金安桥等 5 处。

2012 年在宜宾断面监测鱼类产卵场为柏溪、屏山、新市镇、佛滩、皎平渡、观音岩等 6 处；在攀枝花断面监测鱼类产卵场为观音岩、灰拉古、皮拉海、朵美、金安桥等 5 处。

2013 年在宜宾断面监测鱼类产卵场为柏溪 1 处；在攀枝花断面监测鱼类产卵场为观音岩、灰拉古、皮拉海等 3 处。

2014 年在攀枝花断面监测到卵苗主要来自金安桥、铁锁、湾碧、温泉和观音岩等5 个产卵场。

2016 年在金沙江皎平渡断面监测卵苗主要来自皎平渡、元谋、会理—永仁以及攀枝花等 4 个产卵场。

2008 年金沙江中下游皎平渡、观音岩为主要产卵场，2010 年皎平渡、金安桥为主要产卵场，2011 年皎平渡、金安桥为主要产卵场。2010 年和 2011 年各产卵场规模与 2008 年相比，皎平渡产卵场明显增大，观音岩产卵场则显著缩小，金安桥产卵场大幅增大（图 5-5）。

2008 年皎平渡产卵场主要种类为犁头鳅、圆口铜鱼、中华金沙鳅、长鳍吻鮈、双斑副沙鳅，观音岩产卵场主要种类为犁头鳅、圆口铜鱼、中华金沙鳅、吻鮈、长鳍吻鮈；2010 年皎平渡产卵场主要种类为圆口铜鱼、中华沙鳅、中华倒刺鲃，金安桥产卵场主要种类为中华沙鳅、犁头鳅、圆口铜鱼、长鳍吻鮈；2011 年皎平渡产卵场主要种类为圆口铜鱼、中华倒刺鲃、花斑副沙鳅和犁头鳅，金安桥产卵场主要种类为犁头鳅、中华沙鳅、中华金沙鳅和圆口铜鱼；2012 年皎平渡产卵场主要种类为圆口铜鱼、中华倒刺鲃、花斑副沙鳅和中华沙鳅，金安桥产卵场主要种类为犁头鳅、花斑副沙鳅和中华金沙鳅。

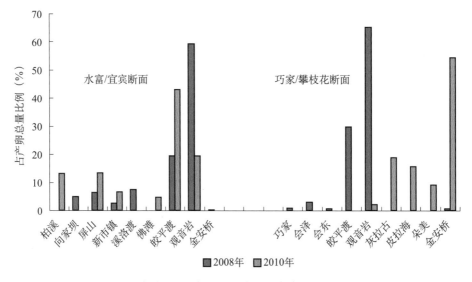

图 5-5 2008 年和 2010 年金沙江中下游鱼类产卵场及其规模变化

5.3.3 产卵时间

金沙江中下游产漂流性卵鱼类繁殖时间为 4—7 月，繁殖盛期为 5—6 月。其中宜昌鳅鮀、蛇鮈、犁头鳅等 4 月下旬至 5 月上旬进入繁殖期，长鳍吻鮈、圆口铜鱼、长薄鳅、中华倒刺鲃、银飘鱼、花斑副沙鳅、中华金沙鳅和吻鮈等 5 月上旬进入繁殖期。

2008 年水富断面圆口铜鱼繁殖时间为 6 月 11 日—7 月 3 日，繁殖盛期为 6 月 15—19 日和 6 月 30—7 月 3 日，巧家断面的繁殖盛期为 6 月 13—17 日和 6 月 28—30 日，攀枝花格里坪断面的繁殖盛期为 6 月 10—14 日和 6 月 20—24 日。2010 年宜宾断面圆口铜鱼繁殖时间为 6 月 15 日—7 月 9 日，繁殖盛期为 6 月 22—24 日和 6 月 27—29 日。

2011 年金沙江中下游产漂流性卵鱼类繁殖时间为 4—7 月，繁殖盛期为 5—6 月，产漂流性卵鱼类苗汛与流量持续增长相关，高峰期出现在 6 月 24 日—7 月 2 日。2012 年金沙江中下游产漂流性卵鱼类繁殖时间为 4—7 月，繁殖盛期为 5—6 月，产漂流性卵鱼类苗汛与流量持续增长相关，高峰期出现在 6 月 24—28 日和 7 月 11—12 日，与 6 月 23—28 日和 7 月 6—12 日的两个洪峰过程较一致。2013 年金沙江中下游产漂流性卵鱼类繁殖时间为 4—7 月，繁殖盛期为 5—6 月，高峰期出现在 6 月 8—10 日、21—24 日和 7 月 3—6 日，与 6 月 3—9 日、17—22 日和 7 月 1—4 日的 3 个洪峰过程较一致。攀枝花断面未见明显的产卵高峰。2014 年宜宾断面共出现过 3 次大的卵苗高峰期，分别发生在 6 月 11—14 日、16—19 日以及 6 月 22—7 月 1 日；2014 年度攀枝花断面共出现过 3 次大的卵苗高峰期，分别发生在 6 月 7—9 日、16—19 日、29—30 日。2015 年宜宾断面仅出现 1 次大的卵苗高峰期，发生在 6 月 11—13 日；2015 年攀枝花断面未采集到鱼类早期资源。2016 年宜宾断面共出现 2 次大的卵苗高峰期，分别发生在 5 月 29 日以及 6 月 16—18 日；2016 年皎平渡断面共出现 5 次大的卵苗高峰期，分别发生在 6 月 15 日、18—19 日、21 日、24 日及 7 月 5 日。

5.3.4　现状评价

2008 年、2010 年、2011 年、2012 年、2013 年、2014 年、2015 年和 2016 年金沙江中下游产漂流性卵鱼类主要有圆口铜鱼、中华沙鳅、中华倒刺鲃、蛇鮈、宜昌鳅鮀、吻鮈、长鳍吻鮈、长薄鳅、花斑副沙鳅等 10 余种。2013 年以前金沙江中下游圆口铜鱼产卵场主要分布在四川省会理县江普乡至云南省禄劝县皎西乡的皎平渡江段、丽江市涛源乡至金江白族的金安桥等江段，在金沙江下游的新市镇至屏山江段也有零星分布，向家坝以下至岷江汇口江段未见圆口铜鱼产卵。圆口铜鱼的繁殖时间为 6 月上旬至 7 月上旬，繁殖盛期为 6 月 22—24 日、27—29 日。中华沙鳅、中华倒刺鲃、蛇鮈、宜昌鳅鮀等其他产漂流性卵鱼类的种群数量较大，对产卵条件要求不严格，产卵场分布相对较为分散。2014—2016 年宜宾断面繁殖规模分别为 376.6×10^4ind、246.2×10^4ind 和 123.1×10^4ind，呈下降趋势。2014 年攀枝花断面繁殖规模为 2214.2×10^4ind，卵苗主要来自金安桥、铁锁、湾碧、温泉和观音岩等 5 个产卵场。2016 年金沙江皎平渡断面繁殖规模为 3034.3×10^4ind，卵苗主要来自皎平渡、元谋、会理—永仁以及攀枝花等 4 个产卵场。金沙江下游圆口铜鱼产卵场主要分布在皎平渡大桥上游的皎平渡产卵场和攀枝花市区下游的攀枝花产卵场；2014 年金沙江中游圆口铜鱼产卵场主要分布在鲁地拉坝下的大姚县铁锁乡至永胜县东山傈僳族彝族乡金沙江干流（皮拉海产卵场）以及观音岩库区的湾碧和温泉产卵场。

5.4　资源现状分析

2007—2016 年监测期间，赤水市断面共采集鱼类早期资源 43 种，其中典型的产漂流性卵鱼类有寡鳞飘鱼、银鮈、宜昌鳅鮀、中华沙鳅、花斑副沙鳅、双斑副沙鳅、长薄鳅、紫薄鳅、犁头鳅和中华金沙鳅等 10 余种。2007 年、2008 年、2013 年、2014

年、2015 年和 2016 年流经赤水市断面的鱼卵径流量分别为 3.26×10^8ind、6.26×10^8ind、4.93×10^8ind、6.26×10^8ind、1.82×10^8ind 和 1.12×10^8ind，其中 2007 年和 2008 年以银鮈繁殖规模最大，2013—2016 年以薄鳅属繁殖规模最大。赤水市断面上游 200 余千米广泛分布着这些鱼类的产卵场。中华沙鳅、花斑副沙鳅、双斑副沙鳅、长薄鳅、紫薄鳅和犁头鳅等典型产漂流性卵鱼类的繁殖活动与流量和水位的变化呈显著正相关，它们的繁殖活动往往伴随着涨水过程；四川华吸鳅、寡鳞飘鱼和宜昌鳅鮀等鱼类的繁殖活动与水温呈正相关，其繁殖活动一般发生在天气晴朗、气温较高的时候；而银鮈的繁殖活动与透明度呈正相关。

2007—2016 年在保护区长江干流江津断面进行了早期资源监测，结果表明，产漂流性卵的种类主要有中华沙鳅、长薄鳅、犁头鳅、中华金沙鳅、紫薄鳅、双斑副沙鳅、花斑副沙鳅、草鱼、白鲢、银飘鱼、寡鳞飘鱼、鳘、翘嘴鲌、银鮈、铜鱼、圆口铜鱼、圆筒吻鮈、吻鮈、蛇鮈、宜昌鳅鮀、异鳔鳅鮀等 30 余种。繁殖盛期为 5 月中旬至 6 月下旬，10 年监测期间江津断面繁殖规模分别为 37×10^8ind、64.9×10^8ind、26.8×10^8ind、32.4×10^8ind、46.7×10^8ind、39.7×10^8ind、7.2×10^8ind、11.89×10^8ind、14×10^8ind 和 31.19×10^8ind。其中，2008 年繁殖规模明显大于其他年份，自 2009 年开始到 2011 年呈逐渐上升趋势，2012 年有所下降。2013 年出现大幅下降。2014 年、2015 年较 2013 年缓慢上升，2016 年上升明显。产卵场调查发现，家鱼产卵场主要分布在朱杨镇和合江两个江段，繁殖规模占总繁殖规模的 70% 以上；铜鱼产卵场主要分布在合江和泸州江段，产卵规模占总规模的 60% 以上。

2008 年、2010—2016 年在保护区金沙江中下游进行了早期资源监测，结果表明，产漂流性卵鱼类优势种包括圆口铜鱼、中华沙鳅、中华金沙鳅、宜昌鳅鮀、吻鮈、长鳍吻鮈、长薄鳅、花斑副沙鳅等 10 余种。繁殖盛期为 6 月上旬至 7 月上旬，2008 年、2010—2016 年水富断面繁殖规模分别为 5.84×10^8ind、4.90×10^8ind、3.22×10^8ind、1.62×10^8ind、0.95×10^8ind、376.6×10^4ind、246.2×10^4ind 和 123.1×10^4ind，呈现出逐年下降的趋势。2008 年、2010—2014 年巧家断面繁殖规模分别为 6.86×10^8ind、3.41×10^8ind、1.57×10^8ind、0.70×10^8ind、1.50×10^8ind、2214.2×10^4ind，2015 年和 2016 年没有采集到鱼类卵苗，也呈现出下降趋势。金沙江中下游圆口铜鱼产卵场主要分布在四川省会理县江普乡至云南省禄劝县皎西乡的皎平渡江段、丽江市涛源乡至金江白族乡的金安桥等江段。中华沙鳅、中华倒刺鲃、蛇鮈、宜昌鳅鮀等其他产漂流性卵鱼类的种群数量较大，对产卵条件要求不严格，产卵场分布相对较为分散。

近年来金沙江中下游多个水电工程相继完成截流与蓄水运行，其中中游的龙开口及鲁地拉 2009 年 1 月截流，下游的溪洛渡 2007 年 11 月截流，向家坝 2008 年 12 月截流。通过多年的鱼类早期资源监测可见，金沙江中下游产漂流性卵鱼类的产卵行为虽然并未中断，多数产卵场及受精卵漂流发育的河流环境与连续性依然存在，但少数产卵场、产卵种类、规模已有所变化，特别是圆口铜鱼，其产卵规模已明显下降，有可能已失去了对保护区鱼类资源补充。随着向家坝、溪洛渡水电工程下闸蓄水，河流中鱼类生境发生变化，需要继续加强对鱼类早期资源的监测与评估。

第6章 生态环境

6.1 水质

6.1.1 水温

2006—2016 年度（2012 年度未进行水温监测），保护区长江干流水温年均为 19.2℃，变幅（变化范围）为 17.5 ~ 22.1℃；赤水河水温年均为 18.8℃，变幅为 16.0 ~ 21.5℃；岷江高场水温年均为 17.5℃，变幅为 15.9 ~ 18.9℃；沱江大驿坝水温年均为 20.8℃，变幅为 18.3 ~ 22.7℃。各水域水温年际变化无明显趋势（图 6-1）。

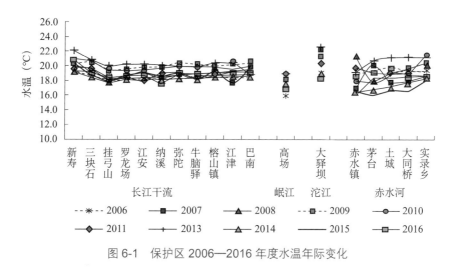

图 6-1 保护区 2006—2016 年度水温年际变化

岷江高场年均水温相对保护区其他水域低，沱江大驿坝年均水温相对较高，长江干流和赤水河年均水温相当。长江干流宜宾以下的挂弓山断面，干流水体接纳岷江较低水温的汇水后，水温有一明显的下降趋势，变化幅度在 0.2 ~ 2.0℃范围内，其后随着流程的增加，水温以较小的幅度增加。

6.1.2 溶解氧

2006—2016 年度，保护区长江干流溶解氧年均为 8.85mg/L，变幅为 8.06 ~ 10.63mg/L；赤水河溶解氧年均为 8.76mg/L，变幅为 7.35 ~ 10.13mg/L；岷江高场溶解氧年均为 8.62mg/L，变幅为 7.67 ～ 9.22mg/L；沱江大驿坝溶解氧年均为 7.57mg/L，变幅为 6.43 ～ 8.33mg/L（图 6-2）。

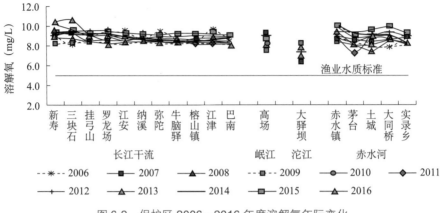

图 6-2　保护区 2006—2016 年度溶解氧年际变化

各水域间，沱江大驿坝水域溶解氧比其他水域低，长江干流、赤水河以及岷江高场间无明显差异。长江干流溶解氧沿流程有一递减趋势，但变化不显著。在向家坝和溪洛渡蓄水后，2013—2015 年度在新寿和三块石断面均出现溶解氧过饱和，饱和度为 125.6% ～ 138.5%。

6.1.3　悬浮物

2007—2016 年度（2006 年度未进行悬浮物监测），保护区长江干流悬浮物年均为 140.8mg/L，变幅为 4.3 ～ 477.6mg/L；赤水河悬浮物年均为 79.6mg/L，变幅为 0.8 ～ 535.6mg/L；岷江高场悬浮物年均为 64.6mg/L，变幅为 23.7 ～ 206.0mg/L；沱江大驿坝悬浮物年均为 27.6mg/L，变幅为 7.3 ～ 99.8mg/L。各水域内悬浮物年际变化无明显趋势（图 6-3）。

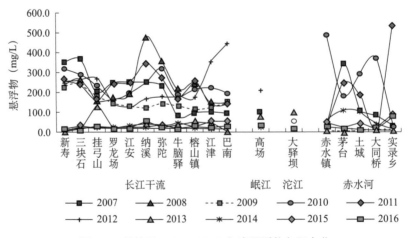

图 6-3　保护区 2007—2016 年度悬浮物年际变化

赤水河悬浮物变化较大，在非洪水季节，赤水河悬浮物含量最低可至 1.0mg/L，洪水季节最高可接近 2 000.0mg/L。

保护区长江干流和赤水河的悬浮物含量显著高于岷江和沱江。其中，长江干流悬浮物含量沿流程呈递减趋势，且较明显。在挂弓山断面，受岷江汇水影响，悬浮物有显著降低的过程；在下游巴南断面，受三峡水库顶托作用，悬浮物沉降明显，悬浮物含量明显低于上游水域。在 2012 年度溪洛渡和向家坝蓄水后，长江干流悬浮物含量显著降低，2013—2016 年度各年度的平均值分别为 37.5mg/L、22.9mg/L、27.9mg/L、23.6mg/L，最小值仅 4.25mg/L。

6.1.4　pH

2006—2016 年度，保护区长江干流 pH 年均为 8.07，变幅为 7.32 ～ 9.44；赤水河断面 pH 年均为 8.05，变幅为 7.34 ～ 9.27；岷江高场 pH 年均为 7.87，变幅为 7.32 ～ 9.44；沱江大驿坝 pH 年均为 7.86，变幅为 7.27 ～ 9.12。保护区各水域 pH 除 2016 年度外，年均值符合渔业水质标准（图 6-4）。

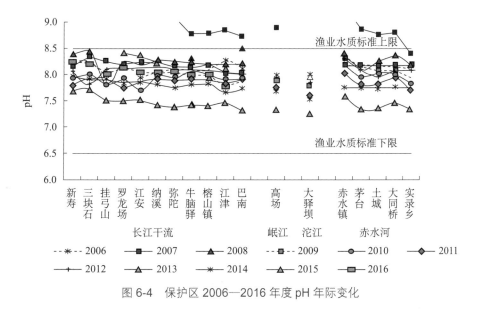

图 6-4　保护区 2006—2016 年度 pH 年际变化

各水域 pH 年际变化无明显趋势；各水域间，岷江和沱江年均 pH 较长江干流和赤水河略低。

6.1.5　总氮

2006—2016 年度，保护区长江干流总氮含量年均为 1.44mg/L，变幅为 0.43 ～ 2.67mg/L；赤水河总氮含量年均为 3.27mg/L，变幅为 1.80 ～ 5.01mg/L；岷江高场总氮含量年均为 2.08mg/L，变幅为 1.52 ～ 2.70mg/L；沱江大驿坝总氮含量年均为 3.54mg/L，变幅为 0.69 ～ 5.15mg/L。其中，以沱江大驿坝总氮含量年均最高，其后依次为赤水河、岷江高场，长江干流总氮含量年均最低，各水域内总氮含量年际间无明显变化趋势（图 6-5）。

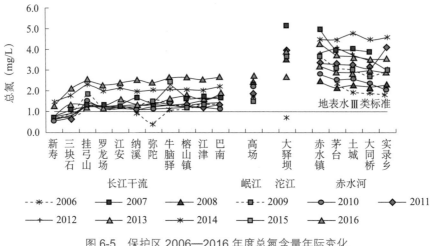

图 6-5 保护区 2006—2016 年度总氮含量年际变化

长江干流除 2013 年度前新寿和三块石断面总氮含量的监测值，以及 2006 年度弥陀断面总氮含量的监测值符合地表水Ⅲ类标准外，其余断面在不同监测年度均超评价标准，标准指数范围在 1.0 ~ 2.7。其中，在宜宾纳入岷江汇水后，长江干流总氮含量有一显著增加的过程。2013 年度后，受上游蓄水影响，来水量减少，长江干流总氮含量较以往年度均偏高。

岷江高场总氮含量在 2006—2016 年度均超地表水Ⅲ类标准，标准指数范围在 1.5 ~ 2.7。

沱江大驿坝总氮含量除 2006 年度符合评价标准外，其余各年度均超评价标准，标准指数范围在 2.7 ~ 5.2。

赤水河总氮含量在各年度均超评价标准，标准指数范围在 1.8 ~ 5.0，随着流程的增加，赤水河总氮含量有递减趋势。

6.1.6 总磷

2006—2016 年度，保护区长江干流总磷含量年均为 0.11mg/L，变幅为 0.02 ~ 0.24mg/L；赤水河总磷含量年均为 0.05mg/L，变幅为 0.01 ~ 0.14mg/L；岷江高场总磷含量年均为 0.19mg/L，变幅为 0.08 ~ 0.33mg/L；沱江大驿坝总磷含量年均为 0.20mg/L，变幅为 0.14 ~ 0.25mg/L。各水域间以赤水河总磷含量最低，沱江大驿坝最高（图 6-6）。

赤水河总磷含量各年度均值符合评价标准。长江干流在 2014 年度有罗龙场、江安、纳溪、弥陀和牛脑驿 5 个断面总磷含量超评价标准，标准指数为 1.1 ~ 1.3；其他断面及其他年度各断面总磷含量均符合评价标准。岷江高场总磷含量在 2008 年度、2013 年度、2014 年度和 2016 年度超评价标准，标准指数为 1.0 ~ 1.6。沱江大驿坝总磷含量在 2007—2009 年度、2011 年度和 2014—2016 年度超评价标准，标准指数范围为 1.0 ~ 1.3。

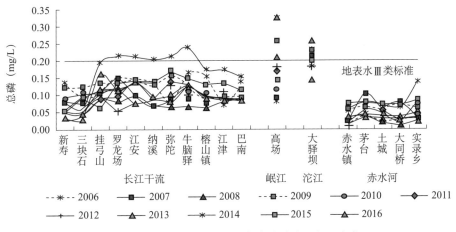

图 6-6　保护区 2006—2016 年度总磷含量年际变化

6.1.7　钙镁总量

2007—2016 年度（2006 年度未监测），保护区长江干流钙镁总量年均为 1.52mg/L，变幅为 1.39 ～ 1.71mg/L；赤水河钙镁总量年均为 2.03mg/L，变幅为 1.73 ～ 2.31mg/L；岷江高场钙镁总量年均为 1.40mg/L，变幅为 1.34 ～ 1.46mg/L；沱江大驿坝钙镁总量年均为 2.30mg/L，变幅为 2.06 ～ 2.45mg/L（图 6-7）。

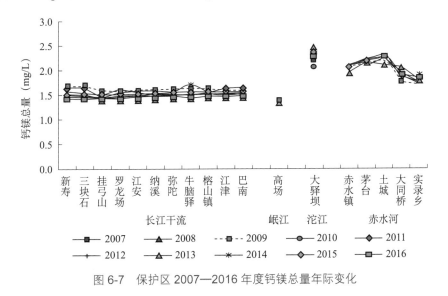

图 6-7　保护区 2007—2016 年度钙镁总量年际变化

保护区各水域间钙镁总量以沱江大驿坝最高，其次分别为赤水河、长江干流和岷江高场。各水域内钙镁总量年际变化无明显趋势。

6.1.8　钙

2007—2016 年度（2006 年度未监测），保护区长江干流钙含量年均为 39.7mg/L，变幅为 34.5 ～ 48.6mg/L；赤水河钙含量年均为 60.2mg/L，变幅为 49.3 ～ 69.9mg/L；岷江高场钙含量年均为 38.9mg/L，变幅为 35.4 ～ 43.0mg/L；沱江大驿坝钙含量年均为 71.7mg/L，变幅为 63.3 ～ 80.6mg/L（图 6-8）。

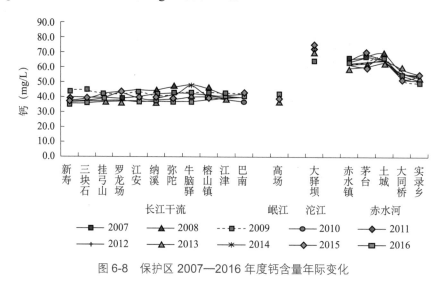

图 6-8　保护区 2007—2016 年度钙含量年际变化

保护区各水域钙含量以沱江大驿坝最高，其次分别为赤水河、长江干流和岷江高场。各水域钙含量年际变化无明显趋势。

6.1.9　高锰酸盐指数

2006—2016 年度，保护区长江干流高锰酸盐指数年均为 1.43mg/L，变幅为 0.27 ～ 3.23mg/L；赤水河高锰酸盐指数年均为 1.20mg/L，变幅为 0.22 ～ 2.23mg/L；岷江高场高锰酸盐指数年均为 1.93mg/L，变幅为 1.31 ～ 2.98mg/L；沱江大驿坝高锰酸盐指数年均为 2.81mg/L，变幅为 1.95 ～ 3.71mg/L（图 6-9）。

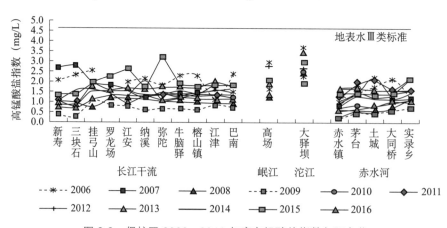

图 6-9　保护区 2006—2016 年度高锰酸盐指数年际变化

保护区各水域高锰酸盐指数年均值以沱江大驿坝最高，其次是岷江高场和长江干流，赤水河最低，各水域高锰酸盐指数各年度均值符合地表水 III 类标准。

6.1.10 挥发酚

2006—2016 年度，保护区长江干流挥发酚含量年均为 0.002mg/L，变幅为 0.001 ～ 0.005mg/L；赤水河挥发酚含量年均为 0.002mg/L，变幅为 0.001 ～ 0.004mg/L；岷江高场挥发酚含量年均为 0.003mg/L，变幅为 0.001 ～ 0.005mg/L；沱江大驿坝挥发酚含量年均为 0.003mg/L，变幅为 0.001 ～ 0.005mg/L（图 6-10）。

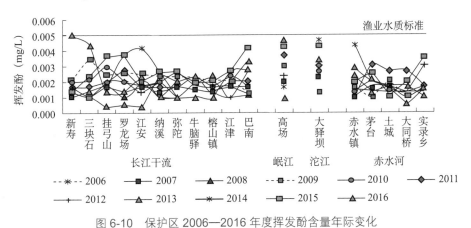

图 6-10 保护区 2006—2016 年度挥发酚含量年际变化

保护区各水域挥发酚含量各年度均值符合渔业水质标准。

6.1.11 硝酸盐氮

2007—2016 年度，保护区长江干流硝酸盐氮含量年均为 1.1mg/L，变幅为 0.4 ～ 1.8mg/L；赤水河硝酸盐氮含量年均为 2.6mg/L，变幅为 1.3 ～ 4.1mg/L；岷江高场硝酸盐氮含量年均为 1.5mg/L，变幅为 1.0 ～ 2.0mg/L；沱江大驿坝硝酸盐氮含量年均为 2.8mg/L，变幅为 0.8 ～ 3.4mg/L（图 6-11）。

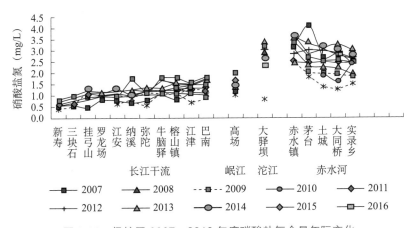

图 6-11 保护区 2007—2016 年度硝酸盐氮含量年际变化

保护区各水域硝酸盐氮含量年均值以长江干流最低，沱江大驿坝、赤水河最高。长江干流金沙江段硝酸盐氮含量最低，在宜宾纳入岷江汇水后，长江干流挂弓山断面及以下江段硝酸盐氮含量呈逐渐递增趋势。赤水河硝酸盐氮含量沿流程有递减趋势。

6.1.12 亚硝酸盐氮

2007—2016 年度，保护区长江干流亚硝酸盐氮含量年均为 0.016mg/L，变幅为 0.002 ～ 0.084mg/L；赤水河亚硝酸盐氮含量年均为 0.020mg/L，变幅为 0.002 ～ 0.065mg/L；岷江高场亚硝酸盐氮含量年均为 0.040mg/L，变幅为 0.021 ～ 0.113mg/L；沱江大驿坝亚硝酸盐氮含量年均为 0.057mg/L，变幅为 0.009 ～ 0.140mg/L（图 6-12）。

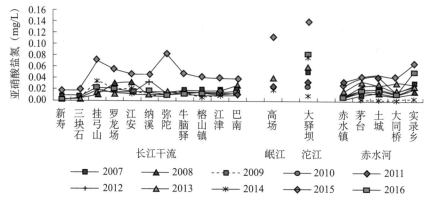

图 6-12　保护区 2007—2016 年度亚硝酸盐氮含量年际变化

保护区各水域亚硝酸盐氮含量年均值以沱江大驿坝最高，其次分别是岷江高场、赤水河，长江干流最低。

6.1.13 氨氮

2006—2016 年度，保护区长江干流氨氮含量年均为 0.09mg/L，变幅为 0.02 ～ 0.25mg/L；赤水河氨氮含量年均为 0.08mg/L，变幅为 0.03 ～ 0.28mg/L；岷江高场氨氮含量年均为 0.14mg/L，变幅为 0.10 ～ 0.22mg/L；沱江大驿坝氨氮年均为 0.14mg/L，变幅为 0.10 ～ 0.20mg/L（图 6-13）。

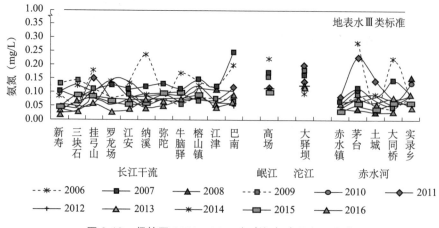

图 6-13　保护区 2006—2016 年度氨氮含量年际变化

保护区各水域氨氮含量各年度均值符合地表水Ⅲ类标准。

6.1.14 氰化物

2006—2016 年度，除 2015 年度部分断面出现氰化物含量超渔业水质标准外，其余各年度保护区各水域氰化物含量符合渔业水质标准。2015 年度长江干流超标断面为挂弓山、江安、弥陀、榕山镇和江津，标准指数为 1.0 ～ 2.0；赤水河超标断面为实录乡，标准指数为 2.9；沱江大驿坝断面标准指数为 1.4（图 6-14）。

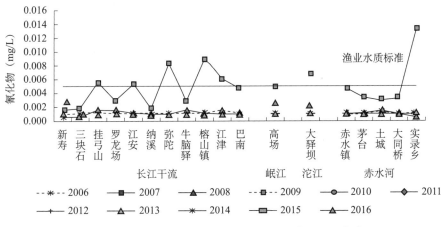

图 6-14 保护区 2006—2016 年度氰化物含量年际变化

6.1.15 六价铬

2006—2016 年度，保护区长江干流六价铬含量年均为 0.002mg/L，变幅为 0.001 ～ 0.006mg/L；赤水河六价铬含量年均为 0.002mg/L，变幅为 0.001 ～ 0.002mg/L；岷江高场六价铬含量年均为 0.002mg/L，变幅为 0.001 ～ 0.002mg/L；沱江大驿坝六价铬含量年均为 0.002mg/L，变幅为 0.001 ～ 0.003mg/L（图 6-15）。

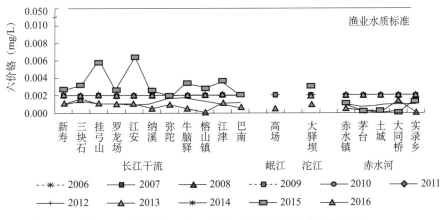

图 6-15 保护区 2006—2016 年度六价铬含量年际变化

保护区各水域六价铬含量各年度均值符合渔业水质标准。

6.1.16 铜

2006—2016 年度，保护区长江干流铜含量年均为 0.004 8mg/L，变幅为 0.001 0 ～ 0.020 5mg/L。其中，2012 年度，长江干流除江安、榕山镇和巴南断面铜含量符合渔业水质标准外，其余各断面超标，断面超标率为 72.7%，标准指数范围为 1.0 ～ 2.1；2014 年度，长江干流牛脑驿和榕山镇断面铜含量超渔业水质标准，标准指数为 1.7（图 6-16）。

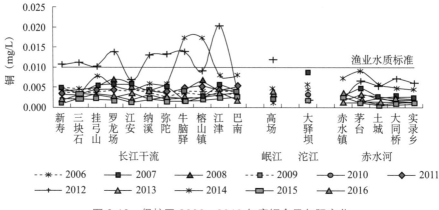

图 6-16　保护区 2006—2016 年度铜含量年际变化

赤水河铜含量年均为 0.002 6mg/L，变幅为 0.000 4 ～ 0.009 1mg/L；岷江高场铜含量年均为 0.003 5mg/L，变幅为 0.001 2 ～ 0.012 0mg/L；沱江大驿坝铜含量年均为 0.003 6mg/L，变幅为 0.001 6 ～ 0.008 7mg/L。

赤水河、岷江和沱江各监测水域铜含量各年度均值均符合渔业水质标准。

6.1.17 锌

2006—2016 年度，保护区长江干流锌含量年均为 0.011mg/L，变幅为 0.003 ～ 0.029mg/L；赤水河锌含量年均为 0.009mg/L，变幅为 0.004 ～ 0.024mg/L；岷江高场锌含量年均为 0.018mg/L，变幅为 0.006 ～ 0.037mg/L；沱江大驿坝锌含量年均为 0.012mg/L，变幅为 0.006 ～ 0.041mg/L。保护区各水域锌含量各年度均值符合渔业水质标准（图 6-17）。

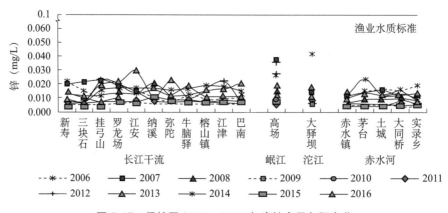

图 6-17　保护区 2006—2016 年度锌含量年际变化

6.1.18 铅

2006—2016 年度，保护区长江干流铅含量年均为 0.019mg/L，变幅为 0.001 ～ 0.080mg/L。其中，2006 年度，江安断面铅含量超标，平均标准指数为 1.6；2007 年度，挂弓山、罗龙场和江安断面铅含量超标，平均标准指数分别为 1.3、1.2 和 1.2；其余断面铅含量各年度均值符合渔业水质标准。

赤水河铅含量年均为 0.013mg/L，变幅为 0.001 ～ 0.040mg/L；岷江高场铅含量年均为 0.026mg/L，变幅为 0.005 ～ 0.044mg/L；沱江大驿坝铅含量年均为 0.017mg/L，变幅为 0.001 ～ 0.037mg/L。赤水河、岷江高场和沱江大驿坝铅含量各年度均值符合渔业水质标准（图 6-18）。

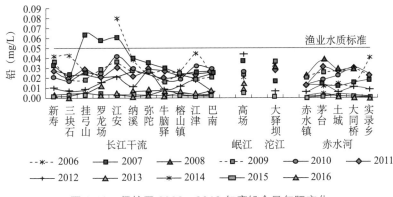

图 6-18　保护区 2006—2016 年度铅含量年际变化

6.1.19 镉

2006—2016 年度，保护区长江干流镉含量年均为 0.000 7mg/L，变幅为 0.000 1 ～ 0.003 5mg/L；赤水河镉含量年均为 0.000 7mg/L，变幅为 0.000 1 ～ 0.002 1mg/L；岷江高场镉含量年均为 0.000 7mg/L，变幅为 0.000 1 ～ 0.001 7mg/L；沱江大驿坝镉含量年均为 0.000 9mg/L，变幅为 0.000 1 ～ 0.003 1mg/L。保护区各水域镉含量各年度均值符合渔业水质标准（图 6-19）。

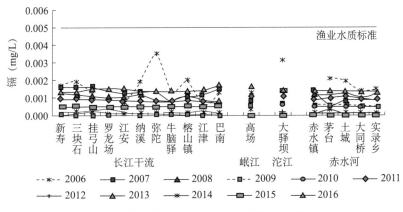

图 6-19　保护区 2006—2016 年度镉含量年际变化

6.1.20 砷

2006—2016 年度，保护区长江干流砷含量年均为 0.001 5mg/L，变幅为 0.000 1 ～ 0.007 1mg/L；赤水河砷含量年均为 0.000 4mg/L，变幅为 0.000 1 ～ 0.002 0mg/L；岷江高场砷含量年均为 0.001 3mg/L，变幅为 0.000 1 ～ 0.003 1mg/L；沱江大驿坝砷含量年均为 0.003 0mg/L，变幅为 0.000 1 ～ 0.005 4mg/L。保护区各水域砷含量各年度均值符合渔业水质标准（图 6-20）。

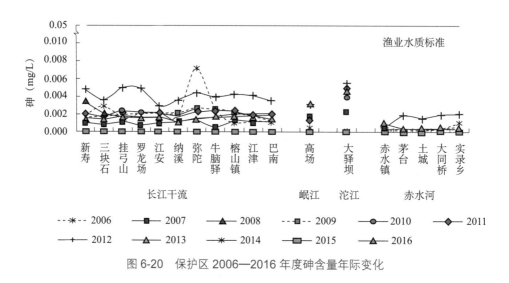

图 6-20　保护区 2006—2016 年度砷含量年际变化

6.2　浮游生物

6.2.1　浮游植物

1. 种类及组成

2006—2016 年度保护区监测水域共检出浮游植物 8 门 155 属 608 种。其中，2006 年度 98 属 370 种，2007 年度 125 属 411 种，2008 年度 92 属 424 种，2009 年度 108 属 549 种，2010 年度 110 属 496 种，2011 年度 83 属 337 种，2012 年度 89 属 313 种，2013 年度 113 属 316 种，2014 年度 95 属 301 种，2015 年度 90 属 225 种，2016 年度 81 属 276 种，各年度间浮游植物组成结构无明显差异，均以硅藻门、蓝藻门和绿藻门藻类为浮游植物的主要组成部分。其中，硅藻门藻类最多，所占比例为 46.27% ～ 60.76%；其次为绿藻门和蓝藻门藻类，所占比例分别为 21.79% ～ 31.69% 和 7.05% ～ 18.38%。这三门藻类所占比例在 88.46% ～ 95.75% 之间。金藻门、甲藻门和隐藻门藻类较少，所占比例均小于 4%（图 6-21）。

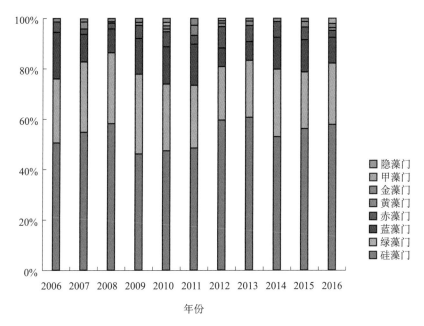

图 6-21　保护区监测水域浮游植物结构组成

2. 浮游植物种类时空分布

2006—2016 年保护区监测水域各监测断面浮游植物种类属变幅为 14 ~ 68 属、种变幅为 15 ~ 200 种。其中，长江干流浮游植物检出 16 ~ 63 属、15 ~ 200 种；岷江高场检出 24 ~ 60 属、35 ~ 165 种；沱江大驿坝检出 30 ~ 68 属、50 ~ 165 种；赤水河检出 16 ~ 50 属、25 ~ 146 种。从年际变化来看，保护区长江干流、赤水河、岷江和沱江各断面浮游植物属、种数量各年度间无明显变化趋势（图 6-22、图 6-23）。

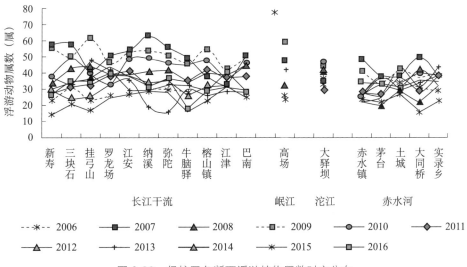

图 6-22　保护区各断面浮游植物属数时空分布

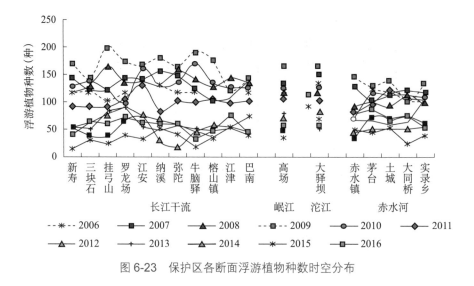

图 6-23 保护区各断面浮游植物种数时空分布

3. 浮游植物密度时空分布

2006—2016 年度，保护区长江干流浮游植物密度变幅为 $0.08 \times 10^4 \sim 53.13 \times 10^4$ ind/L，岷江高场浮游植物密度变幅为 $0.16 \times 10^4 \sim 37.70 \times 10^4$ ind/L，沱江大驿坝浮游植物密度变幅为 $0.51 \times 10^4 \sim 41.57 \times 10^4$ ind/L，赤水河浮游植物密度变幅为 $0.13 \times 10^4 \sim 65.73 \times 10^4$ ind/L。其中，长江干流各断面浮游植物多年均值沿流程呈增加趋势，但是不明显，赤水河各断面浮游植物密度沿流程呈递减趋势。整体来看，保护区水域浮游植物密度年际变化在一个范围内上下波动，无明显变化趋势（图 6-24）。

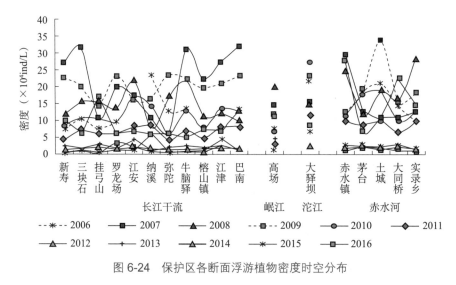

图 6-24 保护区各断面浮游植物密度时空分布

从不同水域来看，长江干流浮游植物密度年均值变幅为 $0.29 \times 10^4 \sim 32.05 \times 10^4$ ind/L，赤水河浮游植物密度年均值变幅为 $0.96 \times 10^4 \sim 33.97 \times 10^4$ ind/L，岷江浮游植物密度年均值变幅为 $1.14 \times 10^4 \sim 20.16 \times 10^4$ ind/L，沱江浮游植物密度年均值变幅为

$1.67 \times 10^{4} \sim 27.15 \times 10^{4}$ ind/L。总体来看，保护区各不同水域浮游植物密度多年均值以沱江最高，其次为赤水河和长江干流，岷江最低（图 6-25）。

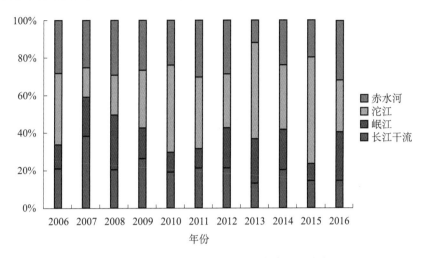

图 6-25　保护区各水域浮游植物密度时空分布

从鱼类繁殖期、育肥期和越冬期多年均值来看，保护区长江干流浮游植物密度在越冬期稍高，育肥期相对较低；岷江高场和沱江大驿坝浮游植物密度从大到小依次为繁殖期、越冬期、育肥期；赤水河各断面浮游植物密度在不同功能期交错变化，无明显变化趋势（图 6-26）。

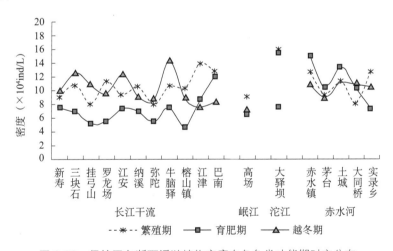

图 6-26　保护区各断面浮游植物密度在各鱼类功能期时空分布

4. 浮游植物生物量时空分布

2006—2016 年度，保护区长江干流各断面浮游植物年均生物量变幅为 0.001 2 ～ 13.520 0mg/L，岷江高场浮游植物年均生物量变幅为 0.002 7 ～ 1.345 0mg/L，沱江大驿坝浮游植物年均生物量变幅为 0.029 6 ～ 6.949 0mg/L，赤水河各断面浮游植物年均生物量变幅为 0.001 9 ～ 2.853 6mg/L。保护区各断面浮游植物年均生物量在一个范围内上下波动，无明显变化趋势（图 6-27）。

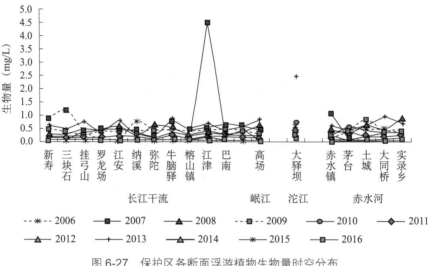

图 6-27　保护区各断面浮游植物生物量时空分布

从各水域来看，长江干流浮游植物年均生物量变幅为 0.007 5 ～ 4.508 0mg/L，赤水河浮游植物年均生物量变幅为 0.046 3 ～ 0.952mg/L，岷江浮游植物年均生物量变幅为 0.047 2 ～ 0.853 2mg/L，沱江浮游植物年均生物量变幅为 0.035 2 ～ 2.479 9mg/L。保护区各水域浮游植物生物量年际变化趋势不明显，从各水域浮游植物生物量多年均值来看，沱江最高，其次是赤水河和长江干流，岷江最低（图 6-28）。

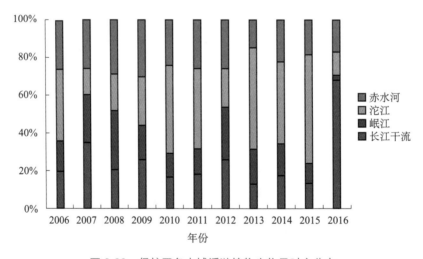

图 6-28　保护区各水域浮游植物生物量时空分布

从鱼类繁殖期、育肥期和越冬期多年均值来看，保护区干流浮游植物生物量在育肥期相对较低，在繁殖期较高；岷江浮游植物生物量在繁殖期较高，在越冬期较低，沱江浮游植物生物量在越冬期较高，在育肥期较低；赤水河各断面无明显变化趋势（图 6-29）。

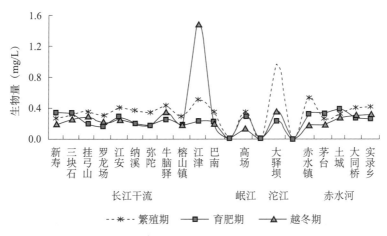

图 6-29 保护区各断面浮游植物生物量在各鱼类功能期时空分布

6.2.2 浮游动物

1. 种类及组成

2006—2016 年度保护区监测水域共计检出浮游动物 163 属 298 种。其中，2006 年度 83 属 192 种，2007 年度 82 属 178 种，2008 年度 113 属 257 种，2009 年度 100 属 176 种，2010 年度 104 属 203 种，2011 年度 45 属 96 种，2012 年度 80 属 146 种，2013 年度 58 属 103 种，2014 年度 76 属 126 种，2015 年度 42 属 81 种，2016 年度 59 属 75 种。各年度浮游动物结构组成无明显差异，均由原生动物和轮虫构成浮游动物的主要组成部分。其中，原生动物占 36.00% ～ 79.17%；其次为轮虫，所占比例为 11.11% ～ 39.58%；枝角类和桡足类数量较少，所占比例分别为 6.77% ～ 24.69% 和 1.37% ～ 18.51%（图 6-30）。

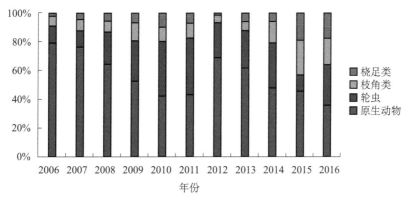

图 6-30 保护区监测水域浮游动物结构组成

2. 浮游动物种类时空分布

2006—2016 年度保护区监测水域各监测断面浮游动物种类属变幅在 2 ～ 38 属，种变幅在 3 ～ 60 种。其中，长江干流浮游动物检出 3 ～ 38 属、4 ～ 60 种；岷江高场检出 4～35 属、6～51 种；沱江大驿坝检出 14～25 属、15～41 种；赤水河检出 2～28 属、2～35 种。种数最大值出现在长江干流牛脑驿断面（60 种），最小值出现在赤水河实录乡断面（2 种）。从年际变化来看，2006—2016 年度保护区各监测断面检出浮游动物属、种数在一定范围内波动，无明显变化趋势。从不同水域来看，保护区长江干流和沱江大驿坝浮游动物种类较岷江高场、赤水河丰富，以赤水河浮游动物属、种数量最低（图 6-31、图 6-32）。

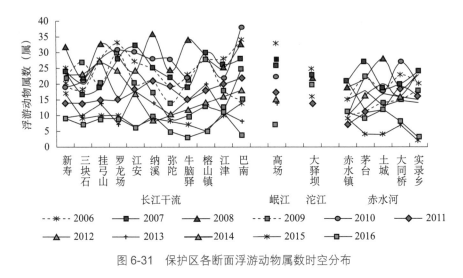

图 6-31　保护区各断面浮游动物属数时空分布

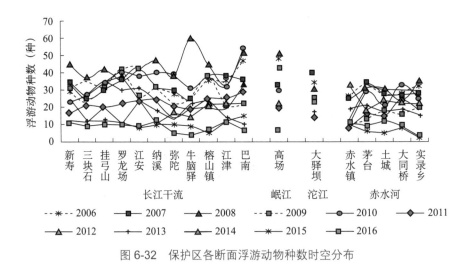

图 6-32　保护区各断面浮游动物种数时空分布

3. 浮游动物密度时空分布

2006—2016 年度保护区水域长江干流各断面浮游动物密度变幅为 0.02～7 643.22ind/L，赤水河浮游动物密度变幅为 0.02～4 518.52ind/L，岷江高场浮游动物密度变幅为 0.06～3 899.91ind/L，沱江大驿坝浮游动物密度变幅为 0.38～4 266.76ind/L。数据来源排除部分断面未检出浮游动物。从年际变化来看，保护区各断面浮游动物密度无明显变化趋势（图 6-33）。

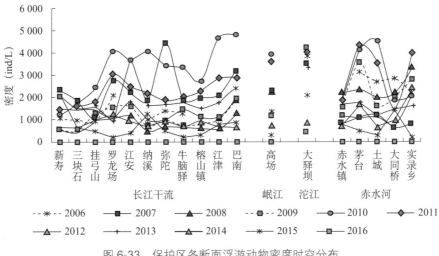

图 6-33　保护区各断面浮游动物密度时空分布

从不同水域来看，长江干流浮游动物密度年均值变幅为 0.46 ～ 2 744.10ind/L，赤水河浮游动物密度年均值变幅为 0.02 ～ 3 091.46ind/L，岷江浮游动物密度年均值变幅为 10.03 ～ 3 899.91ind/L，沱江浮游动物密度年均值变幅为 442.93 ～ 4 266.76ind/L。沱江浮游动物密度相对保护区其他水域较高，其次是岷江和赤水河，长江干流浮游动物密度最低（图 6-34）。

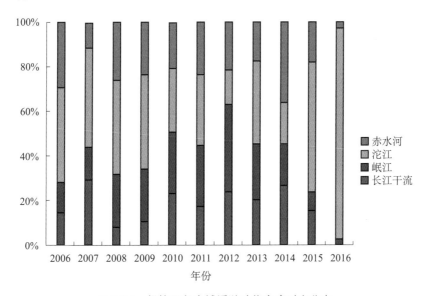

图 6-34　保护区各水域浮游动物密度时空分布

2006—2016 年度，从鱼类繁殖期、育肥期和越冬期多年均值来看，长江干流、赤水河、沱江各断面浮游动物密度在育肥期明显较低，在繁殖期稍高；岷江则在繁殖期最低，在育肥期较高（图 6-35）。

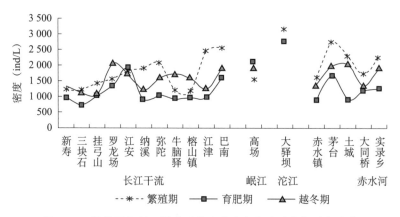

图 6-35　保护区各断面浮游动物密度在各鱼类功能期时空分布

4. 浮游动物生物量时空分布

2006—2016 年度保护区水域长江干流各断面浮游动物生物量变幅为 0.000 14 ~ 1.147 2mg/L，赤水河浮游动物生物量变幅为 0.000 06 ~ 1.295 9mg/L，岷江高场浮游动物生物量变幅为 0.001 0 ~ 0.513 4mg/L，沱江大驿坝浮游动物生物量变幅为 0.000 65 ~ 0.688 9mg/L。从年际变化来看，保护区各断面浮游动物生物量无明显变化趋势（图 6-36）。

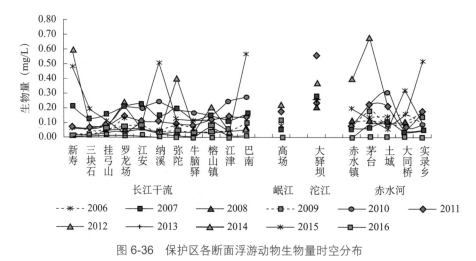

图 6-36　保护区各断面浮游动物生物量时空分布

从不同水域来看，长江干流浮游动物生物量年均值变幅为 0.001 1 ~ 0.588 4mg/L，赤水河浮游动物生物量年均值变幅为 0.002 5 ~ 0.680 6mg/L，岷江浮游动物生物量年均值变幅为 0.057 2 ~ 0.186 7mg/L，沱江浮游动物生物量年均值变幅为 0.001 1 ~ 0.215 7mg/L。其中，沱江浮游动物生物量显著高于其他水域，长江干流、赤水河和岷江浮游动物生物量相当，无明显差异（图 6-37）。

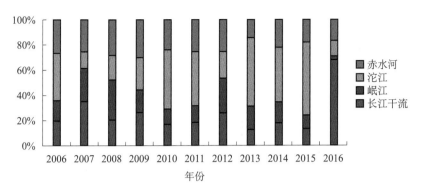

图 6-37　保护区各水域浮游动物生物量时空分布

从 2006—2016 年度保护区监测水域各功能期多年均值来看，保护区长江干流在挂弓山以下江段，浮游动物生物量在繁殖期相对较高；岷江高场浮游动物生物量在育肥期较高；沱江大驿坝在育肥期较高；赤水河各断面浮游动物生物量在不同功能期交错，无明显趋势（图 6-38）。

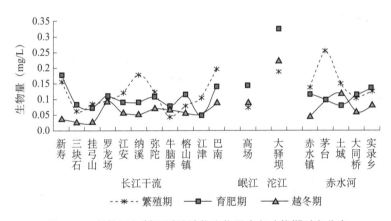

图 6-38　保护区各断面浮游动物生物量在各功能期时空分布

6.3　鱼体重金属残留

6.3.1　铜

2006—2015 年度，保护区水域内，宜宾江段黄颡鱼鱼体铜残留量年平均为 0.99（0.47～1.40）mg/kg，弥陀江段年平均为 1.10（0.26～1.83）mg/kg，巴南江段年平均为 1.12（0.16～2.42）mg/kg，赤水市江段年平均为 1.23（0.18～2.91）mg/kg。各年度、各水域黄颡鱼鱼体铜残留量符合 GB 15199—94《食品中铜限量卫生标准》要求。其中，保护区弥陀、巴南以及赤水市江段黄颡鱼鱼体铜残留量在 2006 年度和 2007 年度明显较低；2009 年度赤水市江段铜残留量最高；各监测水域间黄颡鱼鱼体铜残留差异不明显（图 6-39）。

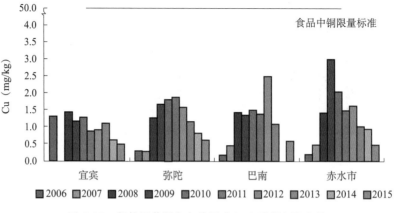

图 6-39　保护区黄颡鱼鱼体铜（Cu）残留年际变化

铜鱼鱼体铜残留量在宜宾段水域年平均为 1.22（0.22 ~ 3.35）mg/kg，弥陀江段年平均为 1.23（0.17 ~ 2.85）mg/kg，巴南江段年平均为 1.31（0.15 ~ 3.02）mg/kg，赤水市江段未采集到铜鱼样本。各年度、各水域铜鱼鱼体铜残留量符合 GB 15199—94《食品中铜限量卫生标准》要求。各监测水域间铜残留量无明显差异（图 6-40）。

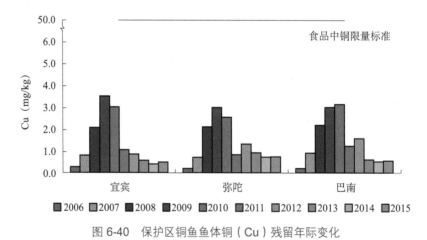

图 6-40　保护区铜鱼鱼体铜（Cu）残留年际变化

6.3.2　锌

2006—2015 年度，保护区水域内，宜宾江段黄颡鱼鱼体锌残留量年平均为 12.09（2.67 ~ 31.70）mg/kg，弥陀江段年平均为 11.71（1.48 ~ 35.20）mg/kg，巴南江段年平均为 13.05（2.18 ~ 32.70）mg/kg，赤水市江段年平均为 12.30（2.53 ~ 34.97）mg/kg。各年度、各水域黄颡鱼鱼体锌残留量符合 GB 13106—91《食品中锌限量卫生标准》要求。

各水域内，2006 年度和 2007 年度黄颡鱼鱼体锌残留量显著高于其他年度，2009 年度、2010 年度、2011 年度、2014 年度和 2015 年度较低；各不同水域间，黄颡鱼鱼体锌残留量无明显差异（图 6-41）。

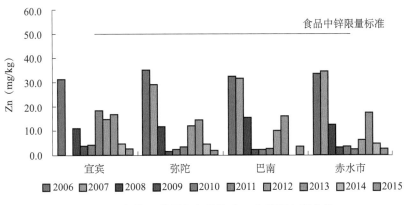

图 6-41　保护区黄颡鱼鱼体锌（Zn）残留年际变化

　　铜鱼鱼体锌残留量在宜宾江段年平均为 13.44（2.02 ～ 36.23）mg/kg，弥陀江段年平均为 11.22（2.13 ～ 31.65）mg/kg，巴南江段年平均为 11.50（2.29 ～ 32.50）mg/kg，赤水市江段未采集到铜鱼样本。各年度、各水域铜鱼鱼体锌残留量符合 GB 13106—91《食品中锌限量卫生标准》要求。

　　各水域内以 2006 年度和 2007 年度锌含量较高，2009 年度、2010 年度、2014 年度和 2015 年度残留量较低；各不同水域间，铜鱼鱼体锌残留量无明显差异（图 6-42）。

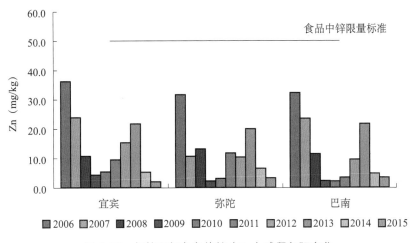

图 6-42　保护区铜鱼鱼体锌（Zn）残留年际变化

6.3.3　汞

　　2006—2015 年度，保护区水域内，宜宾江段黄颡鱼鱼体汞残留量年平均为 0.14（0.04 ～ 0.60）mg/kg，弥陀江段年平均为 0.12（0.02 ～ 0.71）mg/kg，巴南江段年平均为 0.15（0.03 ～ 0.84）mg/kg，赤水市江段年平均为 0.12（0.03 ～ 0.64）mg/kg。

　　各水域间，黄颡鱼鱼体汞残留量无明显差异。除 2015 年度外，各水域黄颡鱼鱼体汞残留量符合 GB 2762—2005《食品中污染物限量》要求。2015 年度各水域黄颡鱼鱼体汞残留量均超过限量要求，标准指数范围为 1.0 ～ 2.7（图 6-43）。

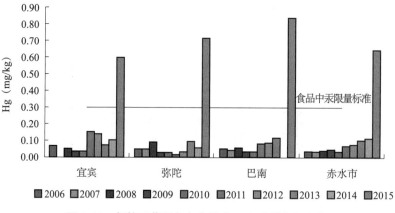

图 6-43　保护区黄颡鱼鱼体汞（Hg）残留年际变化

铜鱼鱼体汞残留量在宜宾江段年平均为 0.10（0.01 ～ 0.67）mg/kg，弥陀江段年平均为 0.11（0.01 ～ 0.79）mg/kg，巴南江段年平均为 0.11（0.01 ～ 0.78）mg/kg，赤水市江段未采集到铜鱼样本。

各水域间，铜鱼鱼体汞残留量无明显差异。除 2015 年度外，各水域铜鱼鱼体汞残留量符合 GB 2762—2005《食品中污染物限量》要求。2015 年度各水域铜鱼鱼体汞残留量均超过限量要求，标准指数范围为 1.0 ～ 2.7（图 6-44）。

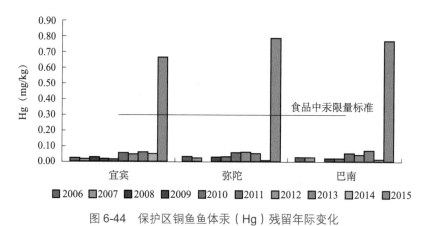

图 6-44　保护区铜鱼鱼体汞（Hg）残留年际变化

6.3.4　砷

2006—2015 年度，保护区水域内，宜宾江段黄颡鱼鱼体砷残留量年平均为 0.11（0.02 ～ 0.23）mg/kg，弥陀江段年平均为 0.23（0.01 ～ 0.88）mg/kg，巴南江段年平均为 0.11（0.01 ～ 0.22）mg/kg，赤水市江段年平均为 0.20（0.01 ～ 0.97）mg/kg。

各水域间，黄颡鱼鱼体砷残留量无明显差异。除 2015 年度部分水域外，各水域黄颡鱼鱼体砷残留量符合 GB 2762—2005《食品中污染物限量》要求。2015 年度弥陀和赤水河水域黄颡鱼鱼体砷残留均超过限量要求，标准指数范围为 1.0 ～ 2.0（图 6-45）。

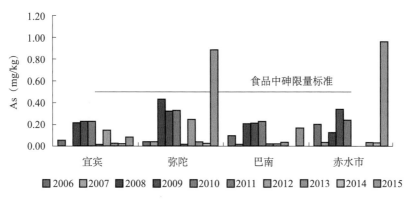

图 6-45　保护区黄颡鱼鱼体砷（As）残留年际变化

铜鱼鱼体砷残留量在宜宾江段年平均为 0.17（0.03～0.47）mg/kg，弥陀江段年平均为 0.19（0.02～0.80）mg/kg，巴南江段年平均为 0.13（0.03～0.36）mg/kg，赤水市江段未采集到铜鱼样本。

各水域间，铜鱼鱼体砷残留量无明显差异。除 2015 年度部分水域外，各水域铜鱼鱼体砷残留量符合 GB 2762—2005《食品中污染物限量》要求。2015 年度弥陀水域铜鱼鱼体砷残留量均超过限量要求，标准指数范围为 1.4（图 6-46）。

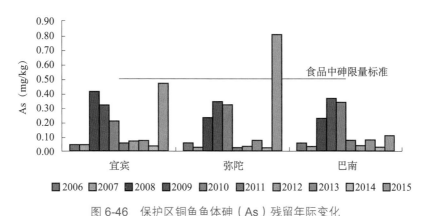

图 6-46　保护区铜鱼鱼体砷（As）残留年际变化

6.3.5　镉

2006—2015 年度，保护区水域内，宜宾江段黄颡鱼鱼体镉残留量年平均为 0.01（＜0.01～0.03）mg/kg，弥陀江段年平均为 0.02（＜0.01～0.05）mg/kg，巴南江段年平均为 0.02（＜0.01～0.04）mg/kg，赤水市江段年平均为 0.01（＜0.01～0.06）mg/kg。各年度、各水域黄颡鱼鱼体镉残留量符合 GB 2762—2005《食品中污染物限量》要求。

各水域内，黄颡鱼鱼体镉残留量在 2006 年度、2007 年度、2014 年度和 2015 年度明显高于其他年度，其余年度镉残留量相对较低，各水域间无明显差异（图 6-47）。

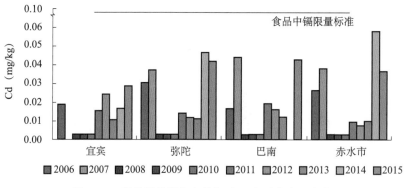

图 6-47　保护区黄颡鱼鱼体镉（Cd）残留年际变化

铜鱼鱼体镉残留量在宜宾江段年平均为 0.02（＜0.01～0.08）mg/kg，弥陀江段年平均为 0.02（＜0.01～0.05）mg/kg，巴南江段年平均为 0.02（＜0.01～0.04）mg/kg，赤水市江段未采集到铜鱼样本。各年度、各水域铜鱼鱼体镉残留量符合 GB 2762—2005《食品中污染物限量》要求。

各水域内，铜鱼鱼体镉残留量在 2006 年度、2007 年度和 2015 年度高于其余年度，2008 年度、2009 年度和 2010 年度镉残留量较低。各水域间，宜宾江段铜鱼鱼体镉残留量在 2006 年度和 2007 年度相对较高，其余年度各水域间无明显差异（图 6-48）。

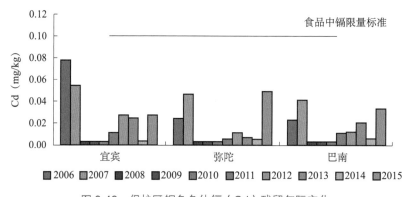

图 6-48　保护区铜鱼鱼体镉（Cd）残留年际变化

6.4　环境现状分析

水质：2006—2016 年度保护区水域水质总体良好，基本能满足鱼类生长和繁殖等需求。所设置的监测项目中，溶解氧、氨氮、挥发酚以及重金属锌、镉、砷等符合渔业水质标准，高锰酸盐指数、六价铬符合地表水Ⅲ类水质标准。出现超标指标有 pH、总氮、总磷、氰化物以及重金属铜和铅，其中总氮为主要超标指标，在所设置的 18 个监测断面中，各监测断面在多数年度均有超标现象；总磷、铜和铅仅部分断面在个别年度有超标现象。

总氮：2006—2016 年度，长江干流除新寿和三块石断面总氮含量 2013 年度的监测值，以及弥陀断面 2006 年度总氮含量的监测值符合地表水 III 类标准外，其余断面在不同监测年度均超评价标准，标准指数范围在 1.0 ～ 2.7。其中，在宜宾纳入岷江汇水后，长江干流总氮含量有一显著增加的过程。2013 年度后，受上游蓄水影响，来水量减少，长江干流总氮含量较以往年度均偏高。岷江高场总氮含量在 2006—2016 年度均超地表水 III 类标准，标准指数范围在 1.5 ～ 2.7。沱江大驿坝总氮含量除 2006 年度符合评价标准外，其余各年度均超评价标准，标准指数范围在 2.7 ～ 5.2。赤水河总氮含量在各年度均超评价标准，标准指数范围在 1.8 ～ 5.0；沿流程，赤水河总氮含量有递减趋势。总体来看，保护区水域内总氮含量超标具有普遍性，总氮为保护区内主要污染物。

总磷：长江干流在 2014 年度有罗龙场、江安、纳溪、弥陀和牛脑驿 5 个断面总磷含量超评价标准，标准指数为 1.1 ～ 1.3；2014 年度其他断面及其他年度各断面总磷含量均符合评价标准。岷江高场总磷含量在 2008 年度、2013 年度、2014 年度和 2016 年度超评价标准，标准指数为 1.0 ～ 1.6。沱江大驿坝总磷含量在 2007—2009 年度、2011 年度和 2014—2016 年度超评价标准，标准指数范围为 1.0 ～ 1.3。总体来看，总磷含量超标不具普遍性。

铜：在 2012 年度，长江干流除江安、榕山镇和巴南断面铜含量符合渔业水质标准外，其余各断面超标，断面超标率为 72.7%，标准指数范围为 1.0 ～ 2.1；在 2014 年度，长江干流牛脑驿和榕山镇断面铜含量超渔业水质标准，标准指数为 1.7。

铅：在 2006 年度，江安断面超标，平均标准指数为 1.6；2007 年度，挂弓山、罗龙场和江安断面铅含量超标，平均标准指数分别为 1.3、1.2 和 1.2，其余断面铅含量各年度均值符合渔业水质标准。总体来看，铅含量超标不具普遍性。

浮游植物：2006—2016 年度保护区监测水域共检出浮游植物 8 门 155 属 608 种。其中，2006 年度 98 属 370 种，2007 年度 125 属 411 种，2008 年度 92 属 424 种，2009 年度 108 属 549 种，2010 年度 110 属 496 种，2011 年度 83 属 337 种，2012 年度 89 属 313 种，2013 年度 113 属 316 种，2014 年度 95 属 301 种，2015 年度 90 属 225 种，2016 年度 81 属 276 种，各年度间浮游植物组成结构无明显差异，均以硅藻门、蓝藻门和绿藻门藻类为浮游植物的主要组成部分。其中，硅藻门藻类最多，其所占比例为 46.27% ～ 60.76%；其次为绿藻门和蓝藻门藻类，所占比例分别为 21.79% ～ 31.69% 和 7.05% ～ 18.38%。三门藻类所占比例为 88.46% ～ 95.75%。金藻门、甲藻门和隐藻门藻类较少，所占比例均小于 4%。长江干流浮游植物密度变幅为（0.08 ～ 53.13）× 10^4ind/L，生物量变幅为 0.001 2 ～ 13.52mg/L；岷江高场浮游植物密度变幅为（0.16 ～ 37.70）× 10^4ind/L，生物量变幅为 0.002 7 ～ 1.345mg/L；沱江大驿坝浮游植物密度变幅为（0.51 ～ 41.57）× 10^4ind/L，生物量变幅为 0.029 6 ～ 6.949mg/L；赤水河浮游植物密度变幅为（0.13 ～ 65.73）× 10^4ind/L，生物量变幅为 0.001 9 ～ 2.853 6mg/L。总体来看，保护区水域绝大多数监测断面浮游植物密度和生物量在鱼类繁殖期稍高，而在鱼类育肥期相对较低。

浮游动物：2006—2016 年度保护区监测水域共计检出浮游动物 163 属 298 种。其中，2006 年度 83 属 192 种，2007 年度 82 属 178 种，2008 年度 113 属 257 种，

2009 年度 100 属 176 种，2010 年度 104 属 203 种，2011 年度 45 属 96 种，2012 年度 80 属 146 种，2013 年度 58 属 103 种，2014 年度 76 属 126 种，2015 年度 42 属 81 种，2016 年度 59 属 75 种。各年度浮游动物结构组成无明显差异，均由原生动物和轮虫构成浮游动物主要组成部分。其中原生动物占 36.00% ～ 79.17%；其次为轮虫，所占比例在 11.11% ～ 39.58%；枝角类和桡足类数量较少，所占比例分别在 6.77% ～ 24.69% 和 1.37% ～ 18.51%。各监测水域中，长江干流浮游动物密度变幅为 0.02 ～ 7 643.22ind/L，生物量变幅为 0.000 14 ～ 1.147 2mg/L，赤水河浮游动物密度变幅为 0.02 ～ 4 518.52ind/L，生物量变幅为 0.000 06 ～ 1.295 9mg/L，岷江高场浮游动物密度变幅为 0.06 ～ 3 899.91ind/L，生物量变幅为 0.001 0 ～ 0.513 4mg/L，沱江大驿坝浮游动物密度变幅为 0.38 ～ 4 266.76ind/L，生物量变幅为 0.000 65 ～ 0.688 9mg/L。保护区不同监测流域浮游动物密度和生物量多年平均值以沱江最高，其次是赤水河和岷江，长江干流相对最低。

鱼体重金属残留：2006—2015 年度在保护区范围内的宜宾市、弥陀镇、巴南区和赤水市等水域，对保护区的主要渔获品种黄颡鱼和铜鱼进行了鱼体肌肉组织中重金属铜、锌、镉、汞和砷的残留监测。黄颡鱼鱼体铜残留量为 0.16 ～ 2.91mg/kg，锌残留量为 1.48 ～ 35.20mg/kg，汞残留量为 0.02 ～ 0.84mg/kg，砷残留量为 0.01 ～ 0.97mg/kg，镉残留量为 0.01 ～ 0.06mg/kg；铜鱼鱼体铜残留量为 0.15 ～ 3.35mg/kg，锌残留量为 2.02 ～ 36.23mg/kg，汞残留量为 0.01 ～ 0.79mg/kg，砷残留量为 0.02 ～ 0.80mg/kg，镉残留量为 0.01 ～ 0.08mg/kg。重金属残留量无明显年度差异；在不同监测水域，重金属残留量无明显的水域变化，比较趋同；从监测鱼种类来看，黄颡鱼鱼体汞的残留量比铜鱼高，其他重金属无明显差异。鱼体重金属残留量整体上符合食品安全标准，个别指标在 2015 年度出现超标，2015 年度各水域黄颡鱼鱼体汞残留量均超过限量要求，标准指数为 1.0 ～ 2.7；2015 年度各水域铜鱼鱼体汞残留量均超过限量要求，标准指数为 1.0 ～ 2.7。

第7章 保护与管理

7.1 保护管理的现状

7.1.1 建立保护区

长江上游分布着种类丰富的珍稀特有鱼类，其种类数量在减少，资源量在下降。为维护长江上游鱼类种群多样性和长江上游自然生态环境，建立了长江上游珍稀特有鱼类国家级自然保护区。保护区跨四川、云南、贵州和重庆三省一市，自西向东包括宜宾、翠屏、南溪、江安、纳溪、龙马潭、江阳、合江等县（区），是我国唯一跨省的国家级自然保护区，其前身是 1997 年由泸州市长江珍稀特有鱼类自然保护区和宜宾地区珍稀鱼类自然保护区合并成立的长江合江—雷波段珍稀鱼类省级自然保护区，2000 年晋升为国家级保护区。因国家清洁能源需求，国家组织开发金沙江下游水能资源，于 2005 年对保护区进行了调整，由原来的合江—雷波段向下迁移调整至重庆三峡库区库尾至宜宾向家坝坝下的江段，并增加了赤水河干流以及岷江干流的宜宾至月波江段作为补充，保护区更名为"长江上游珍稀、特有鱼类国家级自然保护区"。保护对象为白鲟、长江鲟、胭脂鱼等珍稀、特有鱼类及其产卵场和栖息地生态环境。2013 年，保护区范围再次调整，考虑到重庆城市建设及其他方面的需要，保护区长江干流范围下边界由马桑溪大桥调整至地维大桥，具体见 1.1.3 节。

7.1.2 设置保护区管理机构

保护区管理机构的设定体现统一领导、分级管理的原则。国务院机构改革之前，保护区的最高管理机构是农业农村部，负责保护区的统一管理和协调工作。涉及保护区管理的重大问题，由农业农村部会同相关部门协商解决。保护区所涉及的四川、云南、贵州和重庆三省一市在渔业行政主管部门内设立省、市级保护区管理机构，配备管理人员和专业技术人员，负责保护区各自江段的日常管理工作。保护区勘界立标的基本原则是要求规格化、规范化和永久性，并与自然环境相协调，总体布局与特殊地段相结合。2018 年 12 月前，保护区设立完成了 4 个管理局，下设 8 个管理处和 25 个管理站，各站点分别配备相应的配套基础设施。

截至 2018 年 12 月，基础设施建设费项目完成征地 35 亩（1 亩 ≈ 666.67m²）、建设 16 087.59m² 保护区管理、办公用房，购置管理用车 37 辆，快艇、救护船等 29 艘，建设码头 3 座、泵船 2 艘，购置实验、办公等设备 250 台（套）、通信工具 73 部（套、对）、宣传科普设备 160 余台（套）。设置保护区标志塔 14 座、界碑 216 座、界桩 1 963 个、宣传牌 1 010 个，完成长江中上游渔业资源环境重点野外观测试验站、向家坝增殖放流站、赤水增殖放流站和重庆万州增殖放流站建设。基本建立了四川、云南、贵州和重庆三省一市覆盖保护区全范围的保护区管理和基础渔政监管力量。

在管理运行经费的支持下，三省一市保护区管理局持续开展了打击电、毒、炸鱼专项执法行动，加强了对排污企业、水下工程的监管，对涉保护区违法、违规建设项目进行了处罚，建立了一系列管理制度，办公、巡护等基础设施设备能够满足日常工作需要。2006 年以来，保护区各级管理部门开展了 5 000 余次巡护工作，同时与长航公安、长江海事、长江航道等部门联合开展了 100 余次区域性联合保护工作，截至 2018 年 12 月，保护区范围内共查处非法捕捞案件 1 085 件 1 674 人，没收销毁三无船只 107 艘、违规网具 2 643 张、电鱼器 489 套。一系列管理与养护活动的开展扩大了保护区的社会影响力，提高了民众环境保护意识，直接或间接实现了保护区宣传教育功能。

7.1.3　实施禁渔制度

从 2002 年开始，长江就实行禁渔期制度，每年实施禁渔 3 个月，其中长江上游禁渔期为每年 2 月 1 日 0 时至 4 月 30 日 24 时。从 2016 年开始全长江流域统一调整禁渔期为 3 月 1 日 0 时至 6 月 30 日 24 时，共 4 个月。自 2006 年开始，中国科学院曹文宣院士开始呼吁长江实行全面禁渔，2013 年 9 月 10 日在武汉举行的长江禁渔期制度专题研讨会将长江全面禁渔提上议事日程。2017 年 3 月 2 日农业部在湖北省武汉市召开会议专题部署长江流域水生生物保护区全面禁渔工作，时任农业部副部长于康震表示保护区实现全面禁渔是党中央国务院审时度势统筹全局作出的重要决策。2016 年保护区赤水河江段实施了全面禁渔，保护区管理部门配合渔政部门、地方政府完成了渔民转产转业安置工作，2019 年保护区重庆江段在中央和地方政府支持下完成了管辖范围内全部渔民转产转业安置工作，2020 年 1 月 1 日前保护区其他江段也陆续完成了渔民转产转业安置工作，保护区进入全面禁渔管护阶段。

7.1.4　人工保种

随着《长江上游珍稀特有鱼类自然保护区总体规划》系列项目的实施和各级部门科研支持力度的加大，长江上游保护区部分珍稀特有鱼类人工繁殖获得成功。截至目前，圆口铜鱼人工驯养繁殖已成功（李晓东，2014），全人工繁殖也在中国水产科学研究院长江水产研究所、中国科学院水生生物研究所、水利部中国科学院水工程生态研究所、中国长江三峡集团有限公司中华鲟研究所等科研单位共同努力下取得成功并获得了一定规模的子一代和子二代苗种。2020 年，在长江上游保护区江津江段首次实现了 10 万尾圆口铜鱼大规格苗种增殖放流，为圆口铜鱼种群增殖开创了新局面。长江上游特有鱼类厚颌鲂全人工繁殖取得成功（袁锡立，2013），并已持续放流 10 余年。

长江鲟人工繁殖和内塘养殖技术已初步形成，但规模较小（龚全，2013），中国长江三峡集团有限公司中华鲟研究所、中国水产科学研究院长江水产研究所于 2009 年、2013 年取得了长江鲟全人工繁殖技术成功，2018 年以来在各级部委协同下，在长江上游宜宾、江津等地开展了多年的长江鲟亲本及大规格苗种增殖放流，以期重建其野外种群，目前相关研究正在开展。胭脂鱼的人工繁殖和养殖技术已较成熟，并形成了一定的养殖规模，通过多年放流已在保护区建立了较为稳定的种群。此外，长鳍吻鮈（管敏，2015）、岩原鲤（黄辉，2008）、细鳞裂腹鱼（陈礼强等，2007）及鲈鲤（韦先超等，2006）等特有鱼类都获得了人工繁殖成功或重要突破，正在进一步攻关，以进一步突破技术瓶颈，为自然种群增殖提供技术支撑。

7.1.5　增殖放流

保护区建立后，根据《长江上游珍稀特有鱼类自然保护区总体规划》，放流基地建设费预算 3 500 万元，建设内容包括宜宾长江珍稀、特有鱼类放流站和赤水河珍稀、特有鱼类放流站，预算 1 800 万元；同时开展具备良好放流和监测基础单位的能力建设，预算 1 700 万元。目前宜宾、赤水和重庆三个增殖放流站均已完成建设并投入运行多年，宜宾长江珍稀、特有鱼类放流站变更为金沙江溪洛渡向家坝水电站珍稀特有鱼类增殖放流站。保护区实施放流的种类包括国家重点保护野生动物白鲟（一级）、长江鲟（达氏鲟）（一级）、胭脂鱼（二级）；特有鱼类厚颌鲂、黑尾近红鲌、岩原鲤、长薄鳅等；重要经济鱼类圆口铜鱼、中华倒刺鲃等。放流执行时间为 2004—2023 年。实际执行中主要为长江鲟、胭脂鱼、厚颌鲂、黑尾近红鲌、岩原鲤、长薄鳅和中华倒刺鲃等，随着人工繁殖技术的突破，短须裂腹鱼、齐口裂腹鱼、圆口铜鱼等保护鱼类陆续加入放流对象中。为了使人工增殖放流达到预期效果，必须进行放流效果的评价，即所有物种的人工增殖放流必须进行部分或全部标志或标记；对于放流苗种和驯养繁殖的长江珍稀、特有鱼类，必须逐步建立遗传档案，依照技术突破情况，逐步实施遗传标记。

项目实施以来，四川、云南、贵州和重庆三省一市保护区管理局以及溪洛渡增殖放流站、向家坝增殖放流站、乌东德增殖放流站等保护区相关增殖放流站在保护区河流内放流长江鲟（达氏鲟）、胭脂鱼、岩原鲤、厚颌鲂、长薄鳅、昆明裂腹鱼、短须裂腹鱼等达 3 300 万尾以上，有效支持了保护区内的物种保护计划。尤其是长江鲟、胭脂鱼等目前在保护区河段内自然繁殖活动未监测到的保护物种，人工增殖放流是其种群维持的有效手段之一，经若干年放流，种群积累至一定数量，开展一定的栖息地修复或重建工程，其自然繁殖活动有恢复的可能。2011—2018 年，在重庆万州增殖放流站、溪洛渡增殖放流站、向家坝增殖放流站、贵州赤水增殖放流站等地开展了 21 次增殖放流工作，放流种类包括了长江鲟、胭脂鱼、厚颌鲂、黑尾近红鲌、白甲鱼、昆明裂腹鱼、长薄鳅、岩原鲤和中华倒刺鲃等 9 种，累计标记放流鱼类超过 200 万尾，起到了一定的标志放流示范作用。水生生态环境监测结果显示，放流物种均能监测到较大量的个体，物种补充效果明显。2011—2018 年在长江上游设立了 12 个监测点，主要是对渔获物中的带有标记的放流个体及人工放流的珍稀特有鱼类进行数量统计和常规生物学测定。根据监测站点的数据，2011—2018 年累计回收标记放流的鱼类 5 324 尾，生物学测定的结果显示，放流的个体生长状况良好，表明增殖放流取得一定资源补充效果，有必要扩大增殖放流物种和数量，适当开展亲本增殖放流，增加标记手段，补充种群结构数据，维持保护区物种和种群多样性。

7.1.6 宣传教育

通过《长江上游珍稀特有鱼类自然保护区总体规划》实施，保护区内建设了大量的保护区宣传牌、宣传标语等，保护区管理机构实施了宣传进社区、进院校等活动，开展"水生野生动物保护宣传月"活动，利用宣传车和编印科普资料、张贴宣传标语、制作宣传展板等形式，在保护区河道两岸及沿江乡镇赶集期间，积极开展法律法规宣传和科普教育活动，同时针对保护区鱼类增殖放流活动、联合巡护活动等开展了针对性宣传活动。各级保护区管理部门利用电视台、网络媒体、微信平台等媒体平台，大力宣传保护渔业资源和生态环境，让鱼类资源保护深入人心，发布关于保护区新闻 300 余条，召开宣传会、座谈会 100 余次，接受保护区保护与管理咨询的群众 3 000 余人次，持续推行保护物种渔民误捕报告和救护奖励制度。保护区内分布的大量珍稀、特有鱼类通过保护区能力建设、运行管理和科研项目的实施得到了较为有效的保护，丰富了上游水生生物的生物多样性，为生物地理学、遗传学和系统进化等提供了丰富的研究材料。保护区独特的生态环境和宝贵的自然资源得到了有效保护，为有关大专院校和科研单位提供科学研究和教学实习的基地，提高了保护区核心科研团队的科研水平、保护管理水平，扩大了保护区的社会影响，发挥了保护区生态保护的社会效益。

7.1.7 科学研究

农业农村部、省市保护区管理机构和中国长江三峡集团有限公司在保护区内开展了大量的巡渔护渔管理、物种保护研究工作，相关科研院所则对于鱼类基础生物学、鱼类生态需求、水文水质等环境因素变化对鱼类的影响、鱼类人工繁殖技术瓶颈、鱼类保护效果评估与对策分析等开展了大量研究工作。据不完全统计，物种保护项目开展至今，完成了岩原鲤等 24 种长江上游特有鱼类基础生物学研究和信息库建设，充分分析了这些特有鱼类的生态需求，提出了科学的针对性保护对策。基于生物学资料的补充，在众多科研机构和企业的共同努力下，已突破或部分突破胭脂鱼、岩原鲤、长薄鳅、厚颌鲂、圆口铜鱼、长江鲟（达氏鲟）、昆明裂腹鱼、短须裂腹鱼、细鳞裂腹鱼和长鳍吻鮈等珍稀特有鱼类人工繁殖技术，为这些物种的种质保存提供了有效支撑。金沙江一期工程蓄水后，珍稀特有鱼类种类数量未出现明显波动，部分物种在渔获物中的出现比例出现了下降趋势，下降的主要种类是圆口铜鱼、长鳍吻鮈、长薄鳅、小眼薄鳅、异鳔鳅鮀等 5 种适应性激流、低透明度水体的物种，保护区常规能监测到的物种中未出现种群灭绝现象。

保护区建立至今已持续开展了 13 年的监测与研究工作，结合栖息地完整性、鱼类生态需求等相关研究发现，现在的保护区范围内能满足至少 40 种特有鱼类完成生活史过程，目前来看，未监测到自然繁殖活动的长江鲟（达氏鲟）、胭脂鱼，若种群数量达一定规模，同时水文等条件适宜，也有在保护区内完成自然繁殖过程的可能。调查与研究结果显示，保护区内是长江上游 17 种特有鱼类的重要产卵场所，近年来保护区内鱼类产卵场受金沙江一期工程影响，主要集中在泸州至合江江段，蓄水后保护区产卵场分布范围和产卵规模相对稳定。小南海等水利工程不再修建后，现有栖息地生境条件若保护得当，能作为长江上游特有鱼类中多数种类的栖息生境，尤其是 67 种保护区主要保护对象的栖息生境。金沙江一期工程对保护区鱼类栖息地的影响主要是水文情势改变、清水下泄等，金沙江一期工程生态补偿项目保护区河道水文情势改变对鱼类影响研究项目结果显示，保护区鱼类产卵场在金沙江一期工程蓄水后功能仍相对完整，但产卵场分布相对离散，产卵场内鱼类产卵行为、产卵场主要功能未受破坏。水利工程影响是保护区江段生态环境影响因素之一，采砂、航道整治等因素也是改变保护对象栖息生境的影响因素，2017 年开始保护区江段砂石全面禁采，同时"十三五"期间规划的航道等级提升工程暂缓实施，在金沙江一期工程生态补偿项目实施基础上更为有效地保护了保护区内保护对象的栖息生境。

7.2　面临的主要问题

7.2.1　非法捕捞

随着社会的发展，人们的生活水平不断提高，人们不再满足于常规的鲤、鲫、鲢、鳙、草鱼等常规食用鱼，对食用鱼的品质、种类都提出了更高的要求。长江上游珍稀特有鱼类因其高品质而备受青睐，随着经济的发展捕捞强度逐年增大，根据保护区水生生态环境监测结果，近年来保护区江段鱼类自然资源量下降明显，渔业生产是重要因素之一。2020 年 1 月 1 日起，保护区已率先实现全面禁渔，但受利益驱使，保护区内非法捕捞案件频发，据不完全统计，保护区重庆段 2020 年 1 月至 10 月报道有非法捕捞案件约 438 起，记录最大非法捕捞案件捕捞量达 50kg，捕捞种类不乏胭脂鱼等国家级保护动物，各省市执法压力均较大。根据国家机构改革总体要求，保护区所涉四川、重庆等省市已组建农业综合执法大队，部分市县成立了由退捕渔民组成的护鱼队，但相对保护区全河段，执法力量仍显单薄，应对非法捕捞力有未逮。

7.2.2　水利工程建设

水电开发在发挥防洪、发电、航运等综合效益的同时，也对生态环境造成了一定影响，尤为突出的是对水生态系统特别是鱼类的影响。水电站通常建设在江河之上，筑坝对河段下游能量、物质输送产生影响，阻断了江河的连续性，从而对河流生态系统产生影响。大坝建成运行后改变了河流的自然水文节律，引起下游水位、洪水频率、泥沙运输量等的降低，从而对水生生物造成直接或间接的影响。梯级水电开发背景下，鱼类栖息、觅食、繁殖和洄游行为都可能发生一些变化。例如，因产卵场及洄游路线的破坏而直接导致经济鱼类或濒危鱼类的减少等。根据生态环境部对金沙江乌东德水电站环评报告书的批复，向家坝至三峡水库间将不再规划建设任何大型水利枢纽工程，保护区功能与结构得以保存，将使更多的鱼类资源得到更持久的保护。但由于金沙江中下游水电梯级、岷江航电梯级等的相继建设和运行，保护区内水文情势将进一步变化并处于持续波动过程中，变化过程中的资源保护和变化趋势稳定后的资源保护问题，是目前需要考虑的重点问题。

7.2.3 涉水施工影响

长江上游水系覆盖面积广，跨度大。沿岸存在大量工矿、企业等，土石方开挖、采砂和混凝土浇筑等作业过程将使相当部分面积的河床底质变化，甚至导致部分河道的河床地形发生改变。加上沿江两岸居民生活废水的排放，修建铁路、公路网络等，导致废物排入水中，污染水体，破坏水生态环境，使鱼类栖息环境受损。近年来，长江上游根据"十三五"规划，正在推进"三升二"航道整治工程规划，同时各级地方政府也在着力推进码头新建、扩建，沿江城市正在持续开展景观工程建设、航道疏浚等，导致长江上游河道形态正在发生持续的变化，生活于其中的鱼类尤其是珍稀特有鱼类资源首当其冲，资源保护形势复杂多样。

7.2.4 水位及流速改变

保护区上游及各级支流梯级水库的相继修建，使保护区江段的水位发生了较大变化，江段被分割为"河流—水库（大坝）—河流"的形式，天然状态河流的连续性受到影响。长江上游天然河段多为峡谷急流水生境，水电站建成运行后，流速与水位密切相关。与建库前相比，水位抬高的江段，其流速将减小，急流水生境将变为缓流水生境。水流越接近坝前，流速越小。而长江上游特有鱼类中有 20 余种产漂流性鱼卵，需要急流水环境，流速的减小将对长江上游产漂流性卵的特有鱼类及重要经济鱼类产生极大影响。根据调查研究，向家坝蓄水后坝下保护区江段产漂流性卵鱼类产卵场仍保持较为稳定的产卵规模，但产卵场位置下移，产卵场分布江段相对蓄水前分散。

7.3 保护措施与对策

7.3.1 增殖保护与政策措施配套

只有根据实际情况对珍稀、特有鱼类进行主动保护，才能真正达到保护的目的。人工增殖放流是恢复和重建濒危物种的重要手段。因此，从管理部门的政策来讲，一是鼓励和支持有条件的研究机构、社会力量投入资金、人力进行开发研究；二是必须主张增殖放流，对开发出来的苗种必须按一定的比例进行增殖放流；三是坚持原种子代放流，保证放流种群遗传多样性维持较高水平；四是在对放流鱼种的质量、数量、规格进行严格的监督和检查的同时，必须对放流鱼种的生存能力进行驯化和标记，跟踪、监测放流效果，使增殖放流措施能够真正落实，真正有利于珍稀、特有鱼类的保护，实现人类与鱼类的和谐共生。

7.3.2 加强人工繁殖技术研究

基于对长江上游特有鱼类人工繁殖技术的研究，目前已成功实现了长江鲟、长薄鳅、岩原鲤、厚颌鲂、黑尾近红鲌、齐口裂腹鱼、四川裂腹鱼和鲈鲤等部分鱼类的规模化人工繁殖，长鳍吻鉤也已利用人工培育的亲鱼成功进行了人工繁殖突破性研究，获得一定数量的鱼苗并养殖成功。2014 年，圆口铜鱼人工繁殖技术首次取得重大突破，获得部分受精卵并孵化成鱼苗，其后多家科研机构及企业相继获得圆口铜鱼人工繁殖技术成功并初步实现了规模化养殖。2020 年 9 月，中国长江三峡集团有限公司第一次在保护区重庆段实施了 10 万尾圆口铜鱼子代规模化放流。而其他一些特有鱼类如圆筒吻鉤、红唇薄鳅、小眼薄鳅、高体近红鲌、宽口光唇鱼、中华金沙鳅、短身金沙鳅、异鳔鳅鮀、裸体异鳔鳅鮀等目前仍未获得任何突破，因此有必要提高这些鱼类基础研究投入，争取早日突破人工繁殖技术瓶颈。

7.3.3 保护区管理及替代生境研究

根据前期保护区管理效能评估，保护区管理水平较高，生态、社会效果较好，但仍存在较大提升空间，尤其是国家机构改革后。因此，建议通过对国内外保护区相关管理体系的对比，分析长江上游珍稀特有鱼类国家级自然保护区的管理现状，研究在水电开发背景下，如何保护鱼类及其生存的生态环境。成立多部门联合保护区协调机制，加大渔政监管力度，严禁非法捕捞。同时，在就地保护对策研究的基础上，研究分析长江上游各支流的水文、水质、地形等重要的栖息地特征，分析珍稀特有鱼类在各支流栖息和繁殖的可能性，研究部分珍稀特有鱼类在保护区长江上游干流段栖息生境尤其是产卵场（产卵条件）重建的可能性，如圆口铜鱼等，为鱼类的迁地保护做好技术和理论基础。

7.3.4 水域环境监测

在保护区管理过程中，要严格控制长江上游及其支流水系的环境功能标准。合理规划和评价工业开发、采矿、道路建设等，严格控制污染源。持续开展保护区生态环境监测，在保护区内尤其是人类活动频繁区域加大监测力度，建设实时在线监测系统，向公众实时公开监测结果，预测环境变化趋势，播报环境风险。目前长江上游已建立了宜宾、重庆等几个重要环境参数在线监测系统，基本实现了关键环境参数实时记录与回传，但仍需进一步加大投入和升级改造，在点位上加密，在技术上提升，在指标上扩容等，以期实现无接触在线监测。

7.3.5 适当限制和严格管理小水电开发

小水电所在的各级支流构成了长江流域生态系统的重要组成部分。在干流梯级开发已势在必行的背景下，支流对减缓鱼类受到的不利影响具有一定的补偿作用，甚至可以成为部分鱼类种群的替代生境。近年来随着大量小水电项目实施，加上历史小水电的叠加影响，部分支流出现大量河段脱、减水现象，造成河槽裸露和河床干涸，以及由于小水电引起的生境破碎、环境污染等问题。因此，有必要适当限制小水电的开发，全面评估现有小水电生态影响，对生态影响较大的小水电严格实行退出机制，加强小水电运行管理。全面评估保护区内各支流生态环境现状，对于保护区内部分适宜于小生境生活的鱼类，选择性打通部分适宜的河流，实施生态修复工程，保留栖息环境，是维持资源持续存在的重要手段，部分鱼类可在恢复的支流中实现种群重建。

7.3.6 加强执法监督

2020 年 1 月 1 日，保护区全河段已实现十年禁捕，传统渔业生产方式消失，但保护区江段涉及四川、云南、贵州和重庆三省一市，农业农村、林业和草原、交通等部门共同承担了保护区渔政执法任务，但现有人力、装备难以满足全流域渔政执法需求。2020 年 12 月，保护区江段已通过农业农村部组织的"四清四无"大巡查，十年禁渔基本面向好，但基层执法部门均反映，监管压力大，非法作业形式多样，急需补充人力和装备。2020 年农业农村部长江流域渔政监督管理办公室报送了《农业农村部长江办渔政执法装备建设方案（送审稿）》，拟在沿江重点水域配置建设一批渔政执法船舶、无人机和视频监控系统，推广应用现代化、信息化、智能化管理手段，从流域层面强化执法监管，严厉打击非法捕捞行为，务求禁渔工作成效得到保证，长江禁捕秩序获得切实维护。保护区应联合农业农村、林业和草原、交通等部门成立保护区执法协调机制，建立定期会晤、定期联合巡查、资源共享等制度，实现执法力量集中、执法成果显著。

参 考 文 献

鲍新国，谢文星，黄道明，等，2009. 金沙江长鳍吻鉤年龄与生长的研究 [J]. 安徽农业科学，37(21)：10017-10019.

蔡焰值，何长仁，蔡烨强，等，2003. 中华倒刺鲃生物学初步研究 [J]. 淡水渔业，33(3)：16-18.

陈春娜，黄颖颖，陈先均，等，2015. 达氏鲟精子的主要生物学特性 [J]. 动物学杂志，50(1)：75-87.

陈建武，汪登强，张燕，等，2010. 长江铜鱼种群遗传结构的微卫星分析 [J]. 长江流域资源与环境，19(Z1)：138-142.

陈静生，关文荣，夏星辉，等，1998. 长江中、上游水质变化趋势与环境酸化关系初探 [J]. 环境科学学报，18(3)：265-270.

陈礼强，吴青，郑曙明，2007. 细鳞裂腹鱼人工繁殖研究 [J]. 淡水渔业，37(5)：60-63.

陈细华，2007. 鲟形目鱼类生物学与资源现状 [M]. 北京：海洋出版社.

程鹏，2008. 长江上游圆口铜鱼的生物学研究 [D]. 武汉：华中农业大学.

褚新洛，陈银瑞，等，1989. 云南鱼类志：上册 [M]. 北京：科学出版社.

邓其祥，余志伟，李操，2000. 二滩库区及相邻江段的鱼类区系 [J]. 四川师范学院学报（自然科学版），21(2)：128-131.

刁晓明，周容树，1994. 铜鱼年龄与生长的初步研究 [J]. 四川动物，13(1)：32-33.

丁瑞华，1994. 四川鱼类志 [M]. 成都：四川科学技术出版社.

丁瑞华，2006. 长江上游特有鱼类、生存压力及保护问题 [C]// 中国海洋湖沼动物学会鱼类学分会第七届会员代表大会暨朱元鼎教授诞辰 110 周年庆学术研讨会.

段中华，常剑波，孙建贻，1991. 长鳍吻鉤年龄和生长的研究 [J]. 淡水渔业 (2)：12-14.

高欣，谭德清，刘焕章，等，2009. 长江上游龙溪河厚颌鲂种群资源的利用现状和保护 [J]. 四川动物，28(3)：329-333.

龚全，刘亚，杜军，等，2013. 达氏鲟全人工繁殖技术研究 [J]. 西南农业学报，26(4)：1710-1714.

管敏，曲焕韬，胡美洪，等，2015. 长鳍吻鉤人工繁育的初步研究 [J]. 水产科学，34(5)：294-299.

何斌，陈先均，杜军，等，2011. 人工养殖条件下达氏鲟生长特性的研究 [J]. 西南农业学报，24(1)：335-339.

何学福，1980. 铜鱼 Coreius heterodon（Bleeker）的生物学研究 [J]. 西南师范大学学报：（自然科学版）(2)：60-76.

湖北省水生生物研究所鱼类研究室，1976. 长江鱼类 [M]. 北京：科学出版社.

黄辉，李正友，杨兴，等，2008. 岩原鲤人工繁殖与苗种培育技术研究 [J]. 水利渔业，28(1)：72-73.

金丽，赵娜，周传江，等，2012. 饥饿对胭脂鱼血液指标及造血的影响 [J]. 水生生物学报，36(4)：665-673.

孔焰，2010. 长江上游两种铜鱼属鱼类种间特异性 ISSR 分子标记及遗传多样性研究 [D]. 重庆：西南大学.

乐佩琦，2000. 中国动物志：硬骨鱼纲　鲤形目（下卷）[M]. 北京：科学出版社.

冷永智，何立太，魏清和，1984. 葛洲坝水利枢纽截流后长江上游铜鱼的种群生物学及资源量估算 [J]. 淡水渔业 (5)：21-25.

李芳，郭忠娣，刘本祥，等，2016. 胭脂鱼眼早期形态发生研究 [J]. 水生生物学报，40(3)：507-513.

李锐，2015. 长江上游宜宾至江津段周丛藻类的研究 [D]. 重庆：西南大学.

李文静，王剑伟，谭德清，等，2005. 厚颌鲂胚后发育观察 [J]. 水产学报，29(6)：729-736.

李文静，王剑伟，谢从新，等，2007. 厚颌鲂的年龄结构及生长特性 [J]. 中国水产科学，14(2)：215-222.

李晓东，危兆盖，黄照，2014. 长江珍稀特有鱼类圆口铜鱼人工驯养繁殖成功 [J]. 水产科技情报，41(5)：268-269.

李云，刁晓明，刘建虎，1997. 长江上游白鲟幼鱼形态发育和产卵场的调查研究 [J]. 西南农业大学学报，19(5)：39-42.

梁银铨，胡小健，黄道明，等，2007. 长薄鳅年龄与生长的研究 [J]. 水生态学杂志，27(3)：29-31.

廖小林，2006. 长江流域几种重要鱼类的分子标记筛选开发及群体遗传分析 [D]. 武汉：中国科学院水生生物研究所.

刘成汉，1964. 四川鱼类区系的研究 [J]. 四川大学学报（自然科学版）(2)：97-140.

刘成汉，1979. 有关白鲟的一些资料 [J]. 水产科技情报 (1)：13-14，32.

刘飞，吴金明，王剑伟，2011. 高体近红鲌的生长与繁殖 [J]. 水生生物学报，35(4)：586-595.

刘红艳，陈大庆，刘绍平，等，2009. 长江上游中华沙鳅遗传多样性研究 [J]. 淡水渔业，39(3)：8-13.

刘佳丽，2009. 长江上游珍稀特有鱼类国家级自然保护区四川段周丛藻类研究 [D]. 重庆：西南大学.

刘建虎，卿兰才，2002. 中华倒刺鲃年龄与生长研究 [J]. 重庆水产 (1)：27-32.

刘军，王剑伟，苗志国，等，2010. 长江上游宜宾江段长鳍吻鮈种群资源量的估算 [J]. 长江流域资源与环境，19(3): 276-280.

刘清，苗志国，谢从新，等，2005. 长江宜宾江段渔业资源调查 [J]. 水产科学，24(7): 47-49.

罗宏伟，段辛斌，王珂，等，2009. 三峡库区 3 种银鱼线粒体 DNA 细胞色素 b 基因序列多态性分析 [J]. 淡水渔业，39(6): 16-21.

马惠钦，何学福，2004. 长江干流圆筒吻鮈的年龄与生长 [J]. 动物学杂志，39(3): 55-59.

马骏，邓中粦，邓昕，等，1996. 白鲟年龄鉴定及其生长的初步研究 [J]. 水生生物学报，20(2): 150-159.

孟立霞，张家波，2007. 雅砻江 5 种（亚种）裂腹鱼类遗传关系的 RAPD 分析 [J]. 中国水产 (6): 73-76.

邱春琼，韩宗先，傅晓波，等，2009. 长江涪陵段鱼类资源初报 [J]. 大众科技 (12): 135-136.

任华，蓝泽桥，孙宏懋，等，2014. 达氏鲟生物学特性及人工繁殖技术研究 [J]. 江西水产科技 (3): 19-23.

茹辉军，李云峰，沈子伟，等，2015. 向家坝、溪洛渡水库蓄水前后长江上游珍稀、特有鱼类国家级自然保护区水环境质量比较 [J]. 淡水渔业，45(5): 35-40.

四川省长江水产资源调查组，1988. 长江鲟鱼类生物学及人工繁殖研究 [M]. 成都：四川科学技术出版社.

宋君，宋昭彬，岳碧松，等，2005. 长江合江江段岩原鲤种群遗传多样性的 AFLP 分析 [J]. 四川动物，24(4): 495-499.

孙宝柱，李晋，但胜国，等，2010. 张氏䱗的年龄结构及生长特性 [J]. 淡水渔业，40(2): 3-8.

孙玉华，2004. 中国胭脂鱼遗传多样性及亚口鱼科分子系统学研究 [D]. 武汉：武汉大学.

孙玉华，王伟，刘思阳，等，2002. 中国胭脂鱼线粒体控制区遗传多样性分析 [J]. 遗传学报，29(9): 787-790.

唐会元，杨志，高少波，等，2012. 金沙江中游圆口铜鱼早期资源现状 [J]. 四川动物，31(3): 86-91, 95.

唐锡良，陈大庆，王珂，等，2010. 长江上游江津江段鱼类早期资源时空分布特征研究 [J]. 淡水渔业，40(5): 27-31.

万远，占阳，欧阳珊，等，2013. 胭脂鱼胚胎及仔鱼早期发育观察 [J]. 南昌大学学报（理科版），37(1): 78-82.

王宝森，姚艳红，王志坚，2008. 短体副鳅的胚胎发育观察 [J]. 淡水渔业，38(2): 70-73.

王川，郭海燕，李秀明，等，2015. 延迟首次投喂对胭脂鱼仔鱼氨基酸和脂肪酸的影响 [J]. 水产学报，39(1): 75-87.

王美荣，杨少荣，刘飞，等，2012. 长江上游圆筒吻鮈年龄与生长的研究 [J]. 水生生物学报，36(2)：262-269.

王志玲，吴国犀，杨德国，等，1990. 长江中上游大口鲶的年龄和生长 [J]. 淡水渔业(6)：3-7.

韦先超，金灿彪，邓思红，2006. 鲈鲤养殖技术的初步研究 [C]// 2006 中国科协年会农业分会场论文专集 .

吴国犀，刘乐和，王志玲，等，1990. 葛洲坝水利枢纽坝下宜昌江段胭脂鱼的年龄与生长 [J]. 淡水渔业 (2)：3-8.

吴江，吴明森，1986. 雅砻江的渔业自然资源 [J]. 四川动物 (1)：5-9，14.

吴金明，娄必云，赵海涛，等，2011. 赤水河鱼类资源量的初步估算 [J]. 水生态学杂志，32(3)：99-103.

吴金明，赵海涛，苗志国，等，2010. 赤水河鱼类资源的现状与保护 [J]. 生物多样性，18(2)：162-168.

吴青，王强，蔡礼明，等，2004. 齐口裂腹鱼的胚胎发育和仔鱼的早期发育 [J]. 大连海洋大学学报，19(3)：218-221.

伍献文，1964. 中国鲤科鱼类志（上卷）[M]. 上海：上海科学技术出版社 .

夏曦中，2005. 吻鮈属和似鮈属鱼类物种分化的比较 [D]. 武汉：华中农业大学 .

辛建峰，杨宇峰，段中华，等，2010. 长江上游长鳍吻鮈的种群特征及其物种保护 [J]. 生态学杂志，29(7)：1377-1381.

熊天寿，王慈生，刘方贵，等，1993. 重庆江河鱼类 [J]. 重庆师范大学学报（自然科学版），10(2)：27-32.

徐念，史方，熊美华，等，2009. 三峡库区长鳍吻鮈种群遗传多样性的初步研究 [J]. 水生态学杂志，2(2)：113-116.

薛正楷，何学福，2001. 黑尾近红鲌的年龄和生长研究 [J]. 西南师范大学学报（自然科学版），26(6)：712-717.

杨明生，2004. 花斑副沙鳅的胚胎发育观察 [J]. 淡水渔业，34(6)：34-36.

杨少荣，马宝珊，孔焰，等，2010. 三峡库区木洞江段圆口铜鱼幼鱼的生长特征及资源保护 [J]. 长江流域资源与环境，19(Z2)：52-57.

杨星，杨军峰，汤明亮，等，2006. 长江中国胭脂鱼群体的遗传分化 [J]. 武汉大学学报（理学版），52(4)：503-507.

于晓东，罗天宏，周红章，2005. 长江流域鱼类物种多样性大尺度格局研究 [J]. 生物多样性，13(6)：473-495.

余海英，2008. 长江上游珍稀、特有鱼类国家级自然保护区浮游植物和浮游动物种类分布和数量研究 [D]. 重庆：西南大学 .

余志堂，邓中粦，赵燕，等，1986. 葛洲坝枢纽下游白鲟性腺发育的初步观察 [J]. 水生生物学报 (3)：97-98.

袁娟，张其中，李飞，等，2010. 铜鱼线粒体控制区的序列变异和遗传多样性 [J]. 水生生物学报，34(1)：9-19.

袁希平，严莉，徐树英，等，2008. 长江流域铜鱼和圆口铜鱼的遗传多样性 [J]. 中国水产科学，15(3)：377-385.

袁锡立，2013. 厚颌鲂驯养及人工繁殖技术研究 [J]. 中国水产 (3)：55.

曾燏，周小云，2012. 嘉陵江流域鱼类区系分析 [J]. 华中农业大学学报，31(4)：506-511.

张敏，孙志禹，陈永柏，等，2014. 长江上游珍稀特有鱼类保护区水环境因子时空分布格局研究 [J]. 淡水渔业，44(6)：24-30.

张庆，李凤莲，付蔷，等，2006. 云南昭通北部金沙江地区的鱼类多样性及保护 [C]// 中国生物多样性保护与研究进展Ⅶ——第七届全国生物多样性保护与持续利用研讨会论文集.

张四明，晏勇，邓怀，等，1999. 几种鲟鱼基因组大小、倍体的特性及鲟形目细胞进化的探讨 [J]. 动物学报，45(2)：200-206.

张四明，张亚平，郑向忠，等，1999. 12 种鲟形目鱼类 mtDNA ND4L-ND4 基因的序列变异及其分子系统学 [J]. 中国科学：C 辑 生命科学，29(6)：607-614.

张松，2003. 长江上游合江江段渔业现状评估及长鳍吻鮈的资源评估 [D]. 武汉：华中农业大学.

赵刚，周剑，杜军，等，2010. 长薄鳅（*Leptobotia elongata*）线粒体 DNA 控制区遗传多样性研究 [J]. 西南农业学报，23(3)：930-937.

赵鹤凌，2006. 胭脂鱼胚胎发育的观察 [J]. 水利渔业，26(1)：34-35.

周灿，祝茜，刘焕章，2010. 长江上游圆口铜鱼生长方程的分析 [J]. 四川动物，29(4)：510-516.

周启贵，何学福，1992. 长鳍吻鮈生物学的初步研究 [J]. 淡水渔业 (5)：11-14.

朱成德，余宁，1987. 长江口白鲟幼鱼的形态、生长及其食性的初步研究 [J]. 水生生物学报，11(4)：289-298.

庄平，曹文宣，1999. 长江中、上游铜鱼的生长特性 [J]. 水生生物学报，23(6)：577-583.

CHENG X F, TIAN H W, WANG D Q, et al, 2012. Characterization and cross-species amplification of 14 polymorphic microsatellite loci in Xenophysogobio boulengeri[J]. Conservation Genetics Resources, 4(4): 1015-1017.

LI P, YANG C, TU F, et al, 2012. The complete mitochondrial genome of the Elongate loach *Leptobotia elongata* (Cypriniformes: Cobitidae)[J]. Mitochondrial DNA, 23(5)：352-354.

LIU G, ZHOU J, ZHOU D, 2012. Mitochondrial DNA reveals low population differentiation in elongate loach，*Leptobotia elongata*, (Bleeker): implications for conservation[J]. Environmental Biology of Fishes, 93(3): 393-402.

LIU H Y, XIONG F, DUAN X B, et al, 2012. A first set of polymorphic microsatellite loci isolated from *Rhinogobio cylindricus*[J]. Conservation Genetics Resources, 4(2): 307-310.

WEI Q W, KE F E, ZHANG J M, et al, 1997. Biology, fisheries, and conservation of sturgeons and paddlefish in China[J]. Environmental Biology of Fishes, 48(1): 241-255.

XIONG M H, QUE Y F, SHI FANG, et al, 2009. Isolation and characterization of microsatellite loci in Onychostoma sima[J]. Conservation Genetics Resources, 1(1): 389-392.

XU N, SHI F, XIONG M H, et al, 2010. Isolation and characterization of microsatellite loci in *Rhinogobio ventralis*[J]. Conservation Genetics Resources, 2(1): 1-3.

ZHANG H, WEI Q W, DU H, et al, 2010. Is there evidence that the Chinese paddlefish (*Psephurus gladius*) still survives in the upper Yangtze River? Concerns inferred from hydroacoustic and capture surveys, 2006–2008[J]. Journal of Applied Ichthyology, 25(s2): 95-99.